흔들림 없이 이해하는
지진의 과학

흔들림 없이 이해하는
지진의 과학

1판 1쇄 인쇄 2025. 4. 1.
1판 1쇄 발행 2025. 4. 8.

지은이 홍태경

발행인 박강휘
편집 이승환 │ 디자인 유향주 │ 마케팅 고은미 │ 홍보 박은경
발행처 김영사
등록 1979년 5월 17일(제406-2003-036호)
주소 경기도 파주시 문발로 197(문발동) 우편번호 10881
전화 마케팅부 031)955-3100, 편집부 031)955-3200 │ 팩스 031)955-3111

값은 뒤표지에 있습니다.
ISBN 979-11-7332-176-4 03450

홈페이지 www.gimmyoung.com   블로그 blog.naver.com/gybook
인스타그램 instagram.com/gimmyoung   이메일 bestbook@gimmyoung.com

좋은 독자가 좋은 책을 만듭니다.
김영사는 독자 여러분의 의견에 항상 귀 기울이고 있습니다.

흔들림 없이 이해하는 지진의 과학

홍태경

김영사

지진학은 살아 있는 학문 분야로, 오래된 울타리를 허물고 새로운 영역을 계속 개척하고 있다. 찰스 릭터(1958)

지진은 그 특성상 본질적으로 연구하기가 어렵다. 지진 과정의 다양한 측면은 개별 광물 입자의 크기부터 가장 큰 지각판의 크기에 이르기까지 엄청난 범위의 길이 척도에 걸쳐 있다. 시간 척도도 엄청나게 광범위하다. 가장 작은 미소지진은 단층을 몇분의 1초 동안만 파괴하고, 가장 큰 지진의 지속 시간은 수백 초에 이를 수 있다. G. C. 베로자, H. 가나모리(2007)

지구에서 일어나는 지질 활동은 일반적으로 그 속도가 매우 느려 우리가 직접 감지하기 어렵지만, 지구 표면에서 관찰되는 대부분의 지질 활동은 판 구조론으로 설명할 수 있다. 판 구조론에 따르면, 지구의 껍데기인 암석권(지각과 맨틀의 최상부가 합친 부분)은 10여 개의 크고 작은 딱딱한 판으로 이루어져 있으며, 이 판들이 서로 맞물려 움직이며 다양한 지질 활동을 일으킨다. 판이 움직이는 속도는 빨라야 한 해에 10cm 정도로, 손톱이 자라는 속도와 비슷하다 할 수 있다. 한편 우리가 직접 보고 느낄 수 있는 지질 활동도 있다. 대표적인 것이 바로 지진과 화산 활동으로, 그 에너지가 엄청나기 때문에 우리 생활에도 직접적인 영향을 줄 수 있다. 이 두 활동은 그

성격이 달라 대응 방식에도 차이가 있다.

화산은 지구 내부 깊은 곳에서 만들어진 마그마가 지표로 분출되는 현상으로, 화산이 어디 있는지 알고 있기 때문에 적절히 모니터링을 하면 피해를 최소화할 수 있다. 반면, 지하 암반이 어떤 면을 따라 어긋나게 상대적으로 움직이는 현상인 단층 운동으로 발생하는 지진의 경우, 지진을 일으킬 수 있는 단층을 알고 있다고 하더라도 그 단층의 어느 부분에서, 언제, 어느 정도 규모의 지진이 일어날지를 예측하는 것은 쉬운 일이 아니다. 지진을 일으키는 단층이 지표에 드러나지 않고 지하에 숨어 있는 경우는 말할 나위도 없을 것이다.

만약 우리가 지구의 내부 구조를 세세하게 파악하고 있고, 각 위치에 있는 암석의 시간에 따른 물성과 응력의 상태 변화를 알 수 있다면 언제, 어디서, 어떤 규모의 지진이 날지 예측할 수 있을 것이다. 그러나 현재로서는 이러한 자료를 얻는 것이 불가능하니, 지진이 발생할 가능성이 있는 지역에 대한 정밀한 조사와 평가를 통해 그 피해를 최소화하는 수밖에 없다.

우리가 살고 있는 한반도는, 비록 규모 5 정도의 1936년 지리산 쌍계사 지진, 1978년 홍성 지진 등이 있었지만, 지질학적으로 큰 지진이 발생하는 지각판 경계부에서 멀리 떨어져 있어 과거에는 큰 지진의 우려가 적다고 여겨졌다. 그러나 2016년 경주 지진, 2017년 포항 지진 등으로 적지 않은 피해가 발생해 한반도 역시 큰 지진의 위험에서 완전히 자유롭지 않다는 인식이 확산되었다.

홍태경 교수는 지진을 연구하는 지진학자로, 지난 10여 년간 지진이 발생할 때마다 언론이 가장 먼저 찾는 전문가로 활약해왔다. 그는 한반도와 주변 지역의 지진을 꾸준히 연구하며, 이를 바탕으로 뉴스나 방송을 통해 대중에게 정확한 정보를 쉽고 명확하게 전달하는 데 힘써왔다. 특히 2011년 3월 11일 동일본 대지진이 한반도의 지각에 끼친 다양한 효과를 설명하면서 일본의 큰 지진이 우리나라의 지진 현상에 상당한 영향을 끼칠 수 있음을 보여주었다. 즉, 한반도의 지진을 보다 잘 이해하기 위해서는 한반도 주변 지역의 지진에 대해서도 잘 알아야 한다는 것이다.

이 책은 그런 그의 연구와 경험이 집약된, 일반 독자들을 위한 포괄적인 지진학 입문서다. 우선 지진이 왜 발생하며 지진에는 어떤 종류가 있는가, 지진을 어떻게 측정하고 해석하는가, 다양한 지진 재해에 어떻게 대응해야 피해를 최소화할 수 있는가 등 일반적인 의문에 대하여 알기 쉽게 설명하고 있다. 뒤이어 우리나라 사람들이 가장 궁금해할 한반도의 지진과 이에 영향을 끼치는 일본의 지진에 관하여 직접 연구한 결과를 바탕으로 상세하게 풀어나간다. 한반도와 일본 열도에서 어떤 규모의 지진이 언제 어디서 발생했는지를 역사적 기록도 활용해 흥미롭게 설명하고 있다. 특히 인접한 일본 열도의 대형 지진이 한반도의 지진 활동에 영향을 미치는 현상을 분명하게 보여주고 있다. 후반부에는 지진학 지식이 어떻게 응용될 수 있는가에 대하여 예를 들어 설명하고 있다. 원자력발전소 같은 중요 기간시설을 건설할 때 해당 지역의 지진 가능성에 대한 고려 사항, 북한의 지하 핵실험이 백두산 화산 폭발을 유발할 가능성, 미소지진과 인간 활동과의 흥미로운 관계 등에 대해서 기술하고 있다. 이러한 예시들 역시 저자가 직접 연구한 결과를 바탕으로 설명해 더욱 신뢰감을 준다. 또한, 비록 자료는 많지 않지만 태양계의 다른 천체인 달과 화성의 지진 특성을 지구의 지진과 비교하며, 다가오는 태양계 탐사 시대에 지진학이 중요하게 활용될 수 있음을 시사하고 있다.

지진학은 지구의 물리학적 측면을 연구하는 학문인 지구물리학에서 가장 중요한 주제라고 할 수 있다. 홍태경 교수의 이번 저서는 지진학에 대한 대중의 이해를 크게 높이는 친절한 안내서 역할을 할 것으로 기대된다. 이 책의 출간을 진심으로 축하하고 환영하며, 이 책을 계기로 지질학의 다양한 분야를 다룬 교양서들이 더 많이 출간되기를 희망한다.

권성택(연세대학교 지구시스템과학과 명예교수)

차례

머리말

"한반도는 일본이 막아줘서 큰 지진이 발생하지 않는다." 많은 사람이 한 번쯤 들어봤을 법한 말이다. 지진학자인 나 또한 이런 말을 자주 들었다. 하지만 이는 명백한 오해로, 물론 사실이 아니다. 지진은 이웃 국가가 막아줄 수 있는 것이 아니다. 지진을 일으키는 주된 힘인 응력은 땅속을 통해 전달되기에 국경에 어떤 영향도 받지 않는다.

그런데도 이런 잘못된 믿음은 우리 사회에 깊게 자리잡고 있다. 2011년 동일본 대지진이 일어났을 때도, 이웃 나라에서 천문학적인 재산 피해와 많은 인명 피해가 발생했지만, 지진에 대한 우리나라 일반 대중의 인식과 경각심은 크게 달라지지 않았던 것 같다. 그러나 2016년과 2017년, 경주 지진과 포항 지진이 연달아 발생하면서 우리 국민의 지진에 대한 인식도 조금씩 바뀌기 시작했다. '한반도도 지진 안전지대가 아니다'라는 생각이 자리잡기 시작한 것이다. 더불어 지진에 대한 관심도 높아지고 있는 듯하다.

하지만 그런 관심에도 불구하고 국내에는 참고할 만한 자료가 부족하고, 잘못 알려진 정보도 여전히 많다. 오랫동안 이런 상황을 지켜보면서, 언젠가는 일반 대중에게 정확하고 유익한 지진 정보를 제공하는 책을 써야겠다고 생각하고 있었다. 마침 김영사의 제안으로 그간 일반 대중과 기자들이 궁금해하던 내용을 중심으로 이 책을 준비하게 되었다.

내가 지진에 관심을 가지기 시작한 것은 대학에 입학한 후였다. 어려서부터 수학과 물리를 좋아했던 나는, 고등학교 담임선생님으로부터 '수학과 물리를 바탕으로 지구를 이해할 수 있다'는 말을 듣고 서울대학교 지질과학과에 진학했다. 하지만 대학 입학 후 물리적인 사고보다는 많은 암기가 필요한 전공 과목에 점점 흥미를 잃고 있었다.

그러던 중 졸업 요건을 맞추기 위해 수강한 지구물리학 수업이 인생의 전환점이 되었다. 수학적 계산과 물리적 사고를 통해 지구의 내부 운동과 힘, 지진의 원리를 명쾌히 설명하는 지구물리학에 나는 큰 흥미를 느꼈다. 뒤늦게 알게 된 지구물리학의 매력에 빠져 서울대학교 대학원 지구물리학 연구실의 석사과정에 진학했다. 하지만 뚜렷한 목표가 없었기에 석사과정을 꼭 마쳐야겠다는 생각도 크지 않았고, "지진도 없는 우리나라에서 지진 공부하면 나중에 무슨 일을 하느냐"라는 주변의 질문에도 시원하게 답을 하지 못했다. 게다가 석사과정 중 지도교수가 연구년으로 자리를 비우면서, 나는 학업을 계속할지 취업을 준비할지 진지하게 고민하기 시작했다.

그때 교내 게시판에서 우연히 본 교환학생 선발 공고가 또 한 번의 전환점이 될 줄은 꿈에도 몰랐다. 사회에 나가기 전 영어를 익힐 수 있는 좋은 기회 정도로 여기고 지원했는데, 원래는 학부생을 주 대상으로 하는 프로그램이었지만 당시 제도가 채 정비되기 전이라 대학원생까지 뽑아버리는 바람에 나도 그만 덜컥 선발되고 말았던 것이다. 학교 측도 당황하면서, 대학원생이니 전공을 살릴 수 있는 학교를 찾아 보내주겠다고 했다. 그렇게 해서 가게 된 곳이 지진학 전공이 개설되어 있던 호주국립대학교였다. 이곳에서 지진학 분야의 세계적인 석학인 브라이언 케네트 교수를 만나 지진학에 대한 열정을 키울 수 있었다. 교환학생을 마칠 무렵 케네트 교수의 권유로 박사과정에 진학하기로 결심했고, 한국에서 석사과정을 마치고 호주국립대학교로 돌아가 지진학 박사학위를 받았다.

돌이켜보면 이렇다 할 목표가 없었던 내가 지진학자의 길을

걷게 된 것은 운명처럼 다가온 우연한 기회들과 호기심, 그리고 많은 이들의 도움 덕분이 아니었나 싶다.

　알면 알수록 흥미와 재미가 더해지는 학문이 바로 지진학이다. 지진학은 작게는 지진에 관한 연구를 수행하는 학문이지만, 지진학적 방법론을 활용하여 다양한 분야에 접목하는 연구도 아우른다. 이 책에서는 지진학에 대한 기본 개념부터 지진학을 활용한 다양한 응용 연구 사례까지를 총 다섯 개의 장에 나누어 담았다.

　1장에서는 지진의 발생 원리에 대한 설명을 담았다. 지진이 어떻게 발생하는지, 그 메커니즘을 이해해본다. 2장에서는 지진 관측 원리와 지진파에 관해 알아본다. 지진계를 이용해 지진을 관측하는 방법과 지진파의 특징을 되도록 쉬운 언어로 설명하려 했다. 3장에서는 지진 및 지진해일 재해를 줄일 수 있는 방법과 인류의 다양한 대응 노력을 소개한다. 4장은 지역별 지진의 특징으로, 한반도와 일본 열도의 주요 지진을 살펴보고 그 위험성을 따져본다. 마지막 5장에서는 지진 연구를 넘어선 지진학의 응용 분야를 살펴본다. 우주 연구와 각종 사건, 사고 등의 분석에 활용되는 지진학 응용 사례를 통해, 지진학이 인류의 실생활과 미래에 어떻게 이바지하는지를 소개한다.

이 책은 지진학을 잘 모르는 사람도 지진의 다양한 종류와 원리, 지진학의 응용을 두루 익힐 수 있도록 구성했다. 우리가 아는 사실은 자연의 극히 일부일 뿐이니, 이 책으로 자연에 대한 탐구심이 조금이라도 더 생긴다면 바랄 것이 없겠다. 이 책을 준비하는 과정에서 도움을 주신 분들과 연구실 학생들에게 심심한 감사의 말씀을 드린다.

1장

지진은 왜 일어날까?

지각의 움직임과
단층의 비밀

2011년 3월 11일, 일본 도호쿠 지역을 강타한 규모 9.0의 대지진. 불과 몇 분 만에 도시를 덮친 거대한 해일과 이어진 원전 사고는 전 세계에 충격을 안겼다. 그런데 그로부터 불과 몇 년 뒤, 지진 안전지대로 여겨졌던 한반도에서도 예상치 못한 일이 벌어졌다. 2016년 경주, 2017년 포항에서 연이어 규모 5 이상의 지진이 발생하며 땅이 흔들렸고, 사람들은 불안에 휩싸였다. 그리고 2024년에는 한반도 및 주변 해역에서 규모 2.0 이상의 지진만 해도 87회나 발생했다. 그중에는 6월 12일 규모 4.8을 기록한 부안 지진도 있었다. 지진은 결코 남의 이야기가 아니며 드문 일도 아니다. 우리가 인식하지 못하는 순간에도 땅속에서는 크고 작은 움직임이 이어지고 있다.

판 구조론의 핵심: 지구의 숨겨진 움직임을 추적하다

지진은 땅속에 축적된 거대한 에너지가 단층을 따라 갑작스럽게 방출되면서 발생하는 자연현상이다. 이 엄청난 힘은 어디에서 오는 것일까? 때로는 핵실험 같은 대규모 폭발 등 인간 활동이 지진을 유발하기도 하고, 지구와 달 사이의 중력 작용으로 인한 조석 현상이 일본 난카이 해구와 같은 특정 지역에서 발생하는 지진과 연관되어 있다는 연구도 있지만, 지진 대부분은 지구 내부의 움직임과 밀접하게 연결되어 있다.

지구는 반지름이 약 6,400km에, 내부는 지각, 맨틀, 핵의 층상 구조로 되어 있다. 이 중 가장 얇은 지각은 우리가 사는 땅과 바다를 포함하며, 그 아래 맨틀이 지구 부피의 약 80퍼센트를 차지한다. 가장 중심에 자리한 핵은 철과 니켈로 이루어져 있고, 고체 상태의 내핵과 액체 상태의 외핵으로 나뉜다. 핵은 방사성 동위원소의 붕괴로 인해 지구 형성 초기부터 생성 및 축적된 열을 맨틀로 전달한다. 맨틀은 이 열에너지를 받아 대규모 대류 운동을 일으키는데, 바로 이 맨틀 대류가 지각판을 움직여 지진을 유발하는 주된 요인이다.

하지만 지구 내부의 열은 단순히 지진을 일으키는 위협적인 요인만은 아니다. 이 열은 지구에서 생명체가 살아갈 수 있는 환경을 만드는 데 중요한 역할을 한다. 지구 내부의 열과 자전

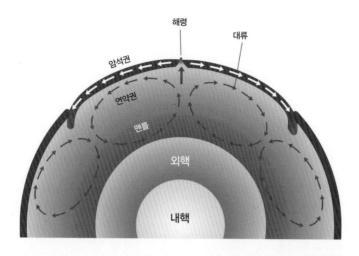

▲ 지구 내부 구조와 맨틀 대류. 지구 내부는 구성 성분과 물질의 상태에 따라 지각, 맨틀, 외핵, 내핵으로 구분한다. 지구 내부 운동(맨틀 대류와 판 구조 운동)을 고려하면 지각과 상부 맨틀 부분을 암석권과 연약권으로 구분할 수 있다. 맨틀 대류에 의해 해령(해저산맥)에서 새로운 지각판(암석권)이 생기고, 이 지각판은 충돌대로 이동하고, 충돌대에서 지구 내부로 다시 돌아오는 순환 운동을 한다.

때문에 외핵의 액체 철은 끊임없이 유체 운동을 일으키며, 이에 따라 지구는 거대한 자석처럼 자기장을 형성한다. 지구 자기장은 우주에서 날아오는 태양풍과 같은 유해 입자들을 차단해 지구 표면의 생명체를 보호하는 방패 역할을 한다. 만약 지구 내부의 열이 고갈되고 외핵이 고체화된다면, 자기장이 사라져 지구는 생명체가 살아가기 어려운 환경으로 변할 것이다.

외핵은 지구 자기장 형성뿐 아니라 지구 자전에도 큰 영향을 미치는 동역학적 요소이기도 하다. 행성은 빠르게 회전하며 둥근 형태를 갖추는 형성 초기 이후에는 고유의 자전 속도를 유지하는데, 초기 지구는 불균질한 물질들이 뒤섞인 거대한 고체 덩어리였으나 시간이 흐르며 물질의 밀도 차이에 따라 층상 구조로 분화되었다. 그에 따라 내핵과 맨틀 사이에 액체 상태의 외핵이 생겨, 지구는 마치 작은 공을 품고 있는 큰 공처럼 독특한 구조를 갖는다. 이처럼 외핵이 액체 상태로 존재하기 때문에 지구는 단일한 고체 덩어리처럼 자전하지 않는다. 내핵은 밀도가 높고 부피가 작아 빠르게 자전하는 반면, 맨틀과 지각은 상대적으로 더 느리게 자전한다. 만약 외핵이 고체 상태였다면, 지구의 자전 속도는 지금보다 더 빨라져 하루의 길이도 짧아졌을 것이다.

　이러한 외핵과 내핵의 물성 차이는 20세기 초 지진파 연구를 통해 밝혀졌다. 1914년, 독일의 지진학자 베노 구텐베르크는 S파(2차파, 횡파)가 액체를 통과하지 못한다는 성질을 이용해 외핵이 액체 상태임을 확인했다. 외핵이 액체 상태라는 사실은 이후 지구 자기장의 생성 원리를 설명하는 중요한 단서를 제공했다. 내핵이 고체 상태라는 사실을 최초로 발견한 사람은 덴마크의 지진학자 잉에 레만이다. 1936년, 대규모 지진 데이터를 분석하던 그는 P파(1차파, 종파)가 외핵을 통과하면서 굴절, 반사된 흔적을 관측했는데, 이를 통해 지구 내부에 고체 상태의 내핵이 존재한다고 결론지었다. 1990년대에는 장기적으로 축적된 지진파 데이터를 비교 분석하여 내핵과 맨틀의 자전 속도의 차이를 알아냈다. 연구자들은 물질의 물리적 성질이 방향에 따라 달라지는 비등방성anisotropy을 이용했다. 동일한 암석이라도 광물 결정의 정렬 방향에 따라 강도와 지진파 전파 속도가 달라진다는 점을 활용한 것이다. 이러한 연구는 지진이 단순한 자연재해가 아니라 지구 내부를 이해하는 중요한 열쇠임을 보여준다.

지진은 대부분 지각판의 경계에서 일어난다. 판 구조론에 따르면, 지구 표면은 여러 개의 지각판으로 나뉘어 있으며 맨틀 대류의 영향을 받아 끊임없이 움직인다. 판 구조론의 역사는 독일의 기상학자 알프레트 베게너가 1912년에 제안한 대륙이동설에서 시작한다. 그는 떨어진 대륙의 해안선이 서로 들어맞는 점, 빙하 이동의 흔적, 같은 종의 식물 화석이 서로 다른 대륙의 동일한 지층에서 발견되는 점 등을 근거로 대륙들이 원래 한 덩어리였다가 분리되어 이동했다고 주장했다. 베게너는 이렇게 대륙 지각 전체가 붙어 있는 거대한 땅덩어리를 '판게아'라고 명명했다. 그러나 당시에는 대륙 이동의 원동력을 설명할 방법이 없었고, 그가 근거로 든 현상들이 모두 우연히 일어났을 가능성도 배제할 수 없어 대륙이동설은 받

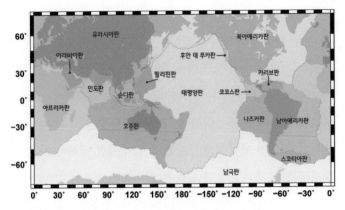

▲ 지각판 지도. 지구 표면은 다양한 지각판으로 구성되어 있다. 각각의 지각판은 서로 다른 방향으로 이동하며 충돌한다. 한반도는 유라시아판의 동쪽 가장자리에 위치한다.

아들여지지 않았다. 베게너는 1930년, 그린란드 탐사 중 대륙이동의 증거를 찾으려다 안타깝게 생을 마쳤고, 그의 이론은 오랜 시간 잊혀졌다.

하지만 1960년대, 해저확장설이 등장하며 대륙이동설은 다시 주목받았다. 지구 자기장의 남북 방향은 과거부터 지금까지 지속적으로 바뀌어왔는데, 이 자기장 역전의 흔적이 해령을 기준으로 대칭적으로 나타난다는 사실이 발견된 것이다. 이는 해저에서 새로운 지각이 생성되어 지각이 확장된다는 사실을 뒷받침하는 증거였다. 해저확장설은 대륙이동설과 결합해 오늘날의 판 구조론으로 발전했다. 생전에 인정받지 못한

베게너의 발견은 이후 판 구조론으로 진화해 지구에 대한 인간의 이해를 크게 향상시키는 결정적 계기가 되었고, 지구의 다양한 지질학적 현상을 설명하는 기본 이론으로 자리잡았다.

판 구조론에 따라 지각판은 다양한 방향으로 계속 이동한다. 그 과정에서 새로운 지각이 형성되거나 기존 지각판들이 서로 충돌하며 거대한 산맥이나 해구를 만들어낸다. 대표적으로 히말라야산맥과 티베트고원이 그렇게 생겨났다. 인도판이 약 1억 년 전, 남반구의 곤드와나 대륙에서 분리되어 매년 약 20cm씩 북쪽으로 이동하다가 5500만 년 전에 유라시아판과 충돌해 형성된 것이 바로 히말라야산맥과 티베트고원이다. 이 충돌대는 현재도 매년 5cm 속도로 충돌하고 있다.

인도판의 북쪽 끝은 티베트고원 아래, 지하 약 410km 깊이의 맨틀 전이대 위에 있으며 수평으로 이동하고 있다. 해양판과 대륙판이 충돌하면 밀도가 높은 해양판이 대륙판 아래로 내려가지만, 인도판과 유라시아판은 둘 다 대륙판으로 밀도가 유사해 수평 이동을 이어가고 있다. 이로 인해 히말라야산맥과 티베트고원은 지속적으로 고도가 높아지고 있으며, 지각판의 충돌과 변형은 현재도 진행 중이다. 지각판의 이동은 맨틀 대류와 중앙해령에서의 판 생성 속도뿐만 아니라, 인접한 판들의 움직임에도 영향을 받기 때문에 지형을 변화시키는 중요한 원동력이 되고 있다.

한편, 인도네시아 서쪽 해안을 따라 발달한 충돌대에서는 인도-호주판과 순다판이 충돌하고 있다. 이 지역은 2004년 12월 26일, 규모 9.1의 인도양 지진해일이 발생했던 곳이다. 이 지진은 인도-호주판이 상부 맨틀을 지나 하부 맨틀까지 대규모로 침강하는 과정에서 발생했으며, 22만 명 이상의 인명 피해를 초래했다.

또한, 일본 열도 동쪽에서는 태평양판이 다른 판들과 충돌하고 있다. 이 판은 일본 열도와 동해 아래를 지나 한반도까지 이어지는데, 한반도 아래 약 600km 깊이에 위치하며 중국 내륙 방향으로 수평 이동하고 있다. 이 태평양판의 수평 이동이 백두산 화산 활동의 주요 에너지원이라고 설명하기도 한다.

이와 같이 각 충돌대마다 침강판의 모양과 깊이가 다르기 때문에, 지구 내부의 순환 운동은 지역에 따라 다르게 나타난다. 예를 들어 아프리카판은 동아프리카 지구대에 의해 둘로 나누어지고 있는데, 이로 인해 에티오피아, 탄자니아, 모잠비크 등 아프리카 북동부 지역은 장기적으로 대륙과 분리될 가능성이 있다. 이처럼 지구의 지각판 운동은 단순히 과거의 사건으로 끝나지 않는다. 그것은 현재도, 그리고 먼 미래에도 지구의 형태와 환경을 변화시키는 중요한 동력이다. 그리고 그 변화의 중심에는 지각판의 움직임에 따라 형성되는 단층이 있다.

단층의 비밀: 왜 일부 단층은 깨어나는가?

샌앤드레이어스 단층은 미국 서부 해안을 따라 약 1,300km
에 걸쳐 이어진 거대한 단층으로, 로스앤젤레스와 샌프란시스
코 등 주요 도시를 포함하며, 육지에 노출된 구간이 많다. 이
단층은 그 규모와 중요성 때문에 각종 영화나 다큐멘터리의
소재로 등장하기도 한다. 그렇다면 이런 단층은 어떻게 생겨
나며, 지진과는 어떤 관계가 있을까?

단층은 지각이 움직이며 어긋나 생긴 지구의 균열이다. 지
각판이 움직이며 서로 압력을 가하고, 그 압력이 임계점을 넘

▲ 샌앤드레이어스 단층. 북아메리카판과 태평양판의 경계에 발달한 1,300km 길이의 대
형 단층으로, 규모 7 내외의 큰 지진이 발생하기도 한다.

으면 단층을 따라 지각이 갑작스레 파열되면서 지진이 발생한다. 단층은 규모와 깊이가 다양하며, 일부는 지표에 드러나 있지만 대부분은 지하에 숨어 있다. 지진이 일어나면 지반이 견디지 못하고 단층이 움직이며 에너지가 방출되는데, 이렇게 발생한 지진은 주변의 응력 분포를 바꿔 새로운 지진을 촉발할 수도 있다. (응력에 대해서는 뒤에 자세히 다룰 것이다.)

약 5~15km 깊이에서 발생하는 우리나라의 지진을 비롯해 지진 대부분은 주로 지하 수십 킬로미터 이내에서 발생한다. 이보다 더 얕은 지표면 근처에서는 응력이 쉽게 해소되지만, 해당 깊이에서는 지속적으로 압축력이 가해지며 응력이 점차 누적되기 때문이다. 이 누적된 응력이 한계에 도달하면 가장 약한 지점에서 지진이 발생하며 지각 변위를 일으키는 것이다. 그렇다면 더 깊은 곳에서는 어떨까? 오히려 매우 깊은 곳에서는 높은 온도와 압력 때문에 암석이 연성 변형을 일으켜 응력이 해소되므로 지진이 일어나기 어렵다.

단층은 지각에서 상대적으로 약한 부분에 형성된다. 이런 곳은 응력이 쌓이면 쉽게 파열되기 때문에 단층이 발달하기에 유리하다. 과거의 지질 활동으로 생긴 기존 단층 구조를 따라 새로운 단층이 발달하며, 이미 지진을 일으킨 단층은 단층면의 물리적 특성이 변화하면서 이후에도 다시 지진을 일으킬 가능성이 높아진다. 이는 한 번 지진이 발생한 단층이 계속 활동성을 띨 수 있는 이유이며, 지진 예측과 대비 과정에서 단층을 집중적으로 연구하는 이유이기도 하다.

그러나 모든 단층이 지진을 일으키는 것은 아니다. 전 세계에는 많은 단층이 존재하지만, 과거에 지진을 일으켰던 단층이라도 현재의 응력 환경이 달라졌다면 더 이상 활동하지 않을 수 있다. 지진을 일으킬 단층인지 아닌지는 단층면과 주압축력의 방향 관계에 따라 결정된다. 예를 들어, 나란히 옆으로 움직이는 주향이동단층은 단층면이 주압축력 방향과 약 30도의 각도를 이루면 활동 가능성이 크다. 반면, 역단층은 단층면의 주향走向이 주압축력 방향과 수직에 가까울 때 주로 반응한다. 이렇듯 지진은 최적의 응력 방향에 놓인 단층에서 먼저 발생하며, 최적 조건에서 벗어난 단층은 더 큰 응력이 쌓여야만 활동하게 된다.

이처럼 단층의 주향과 응력 방향은 단층이 지진을 일으킬 가능성을 평가하는 중요한 단서다. 단층이 여전히 지진을 유발할 가능성이 있는지 판단하려면 그 밖에도 미소지진 관측, 단층의 과거 활동 이력 조사, 그리고 해당 지역의 응력 환경 분석이 필요하다. 특히, 최근 수천 년 이내에 활동한 흔적이 있는 단층은 여전히 활동성 단층으로 간주된다. 활동성 단층은 시간이 지남에 따라 응력이 축적되며, 결국 지진을 유발할 수 있는 잠재력을 갖게 된다. 따라서 지진 발생 가능성을 줄이고 피해를 최소화하려면 숨겨진 단층을 찾아내어 철저히 모니터링하는 것이 필수적이다. 이를 위해 정밀한 지진 관측망과 최신 기술을 활용한 지속적인 연구가 이루어져야 한다.

특히, 단층이 실제로 어떻게 파열되며 그 과정에서 지각 변위와 에너지 방출이 어떤 방식으로 일어나는지를 이해하는 것은 효과적인 대비책 마련에 핵심이다. 단층 파열의 메커니즘을 살펴보며, 지진의 발생 원리와 그 영향에 대해 더 깊이 알아보자.

단층 파열: 지진은 어떻게 시작될까?

지진이 발생할 때 단층은 한꺼번에 파열되기보다는 순차적으로 파열되는 경우가 많다. 단층면의 특정 지점에서 시작된 단층 파열이 점차 주변으로 확산하면서 지진이 발생하는 것이다. 단층 파열은 단층에 쌓였던 응력을 해소하는 과정으로, 대부분은 단층의 일부에서 시작해 국소적으로 진행된다. 단층 전체에서 에너지가 방출되면 단층면 전체가 파열되어 대규모 지진이 발생한다. 그러나 일반적으로는 단층면의 일부만 파열되며, 이러한 국소적인 파열이 반복적으로 일어나 단층이 점진적으로 발달한다.

단층 파열의 범위와 규모는 단층에 축적된 응력의 크기에 비례한다. 응력이 클수록 파열면이 넓어지고, 그에 따라 지진의 규모도 커진다. 하지만 응력이 한꺼번에 해소되지 않고 작은 파열로 나뉘어 발생하면, 여러 번의 작은 지진이 일어나기도 한다. 단층의 구조, 응력의 분포, 그리고 단층의 분절화 상태에 따라 응력이 해소되는 방식이 크게 달라지는 것이다. 특히 앞선 지진으로 인해 단층에 응력 변화가 생기면, 여진이 발생하거나 다른 단층 구역이 추가로 파열되며 더 큰 지진으로 이어질 수 있다.

지진은 단층이 발달하고 확장되는 과정에서도 중요한 역할을 한다. 반복적인 단층 파열은 단층을 점차 성장시키며, 이에 따라 해당 지역에서 일정한 패턴의 지진이 발생하게 된다. 이 과정에서 지진의 크기와 빈도 사이의 관계를 설명한 법칙이 구텐베르크-릭터 법칙이다. 이 법칙에 따르면, 작은 지진은 빈번하게, 큰 지진은 드물게 발생하며, 작은 지진의 빈도를 통해 큰 지진의 발생 확률을 예측할 수 있다. 과거 지진의 발생 분포 역시 미래 지진 위험을 평가하는 중요한 데이터로 활용된다. 예를 들어, 작은 지진이 자주 발생하는 지역은 응력이 누적될 가능성이 높아, 큰 지진이 일어날 위험도 크다.

단층 파열은 양방향으로 확산되기도 하지만 일반적으로 한쪽 방향으로 진행된다. 예를 들어, 2004년 인도양 수마트라섬 대지진(규모 9.1)은 진원을 중심으로 북쪽으로 약 1,200km에 걸쳐 연쇄적으로 단층이 파열된 사례. 대규모 지진에서는 단층 파열이 지표까지 도달해 지표 단층을 형성하기도 하는데, 대부분의 작은 지진에서는 파열이 지표에 닿기 전에 멈춘다. 이런 경우 지표에서 단층을 직접 확인하기가 어렵기 때문에, 여진의 분포를 분석해 단층의 위치와 방향을 추정한다.

지진 발생 형태는 응력 환경에 따라 크게 달라진다. 판 내부에서는 압축력, 장력이 수평적으로 작용하고, 중력에 의한 수직 압축력이 작용해 다양한 유형의 단층 운동을 유발한다. 예를 들어, 한반도는 동북동 – 서남서 방향의 압축력과 북북서 – 남남동 방향의 장력이 작용하며, 이에 따라 북북동 – 남남서 방향의 주향이동단층에서 주로 지진이 발생한다. 또한, 과거의 지질 구조가 응력 환경에 영향을 미쳐 특정 지역에서는 다른 형태의 단층 운동이 발생하기도 한다. 한반도 동해의 고열개 구조에서는 압축력에 의해 역단층 지진이 발생하는데, 규모 5.2의 2004년 울진 앞바다 지진이 그 대표적인 예다. 이처럼 각 지역의 응력 환경은 단층의 형태와 활동성을 결정하며, 지역별 지진 패턴을 이해하는 데 중요한 단서를 제공한다.

숨겨진 단층을 찾아서: 지하에서 벌어지는 일

"지난 수십 년간 단층 연구를 해왔는데, 아직도 활성단층을 다 못 찾았어요?"

지진 관련 부처 공무원들에게서 종종 듣게 되는 질문이다. 답하기 어려운 질문에 멋쩍게 웃으며 넘겼던 기억이 있다. 미국 서부의 샌앤드레이어스 단층이나 일본 내륙의 단층처럼 지진이 자주 발생하는 지역에서는 활성단층을 상대적으로 쉽게 찾아낼 수 있다. 반복되는 큰 지진은 단층의 파열면을 넓히고, 단층이 지표에 드러날 가능성을 높이기 때문이다. 그러나 우리나라처럼 지진의 규모가 작고 빈도가 낮은 지역에서는 지표에 노출된 활성단층을 찾기가 어렵다. 많은 지진이 지표에 드러나지 않은 지하 단층에서 발생하기 때문이다.

2016년 경주 지진과 2017년 포항 지진은 이러한 지하 단층의 중요성을 일깨운 사건이었다. 두 지진 모두 지표에서는 확인되지 않는 지하 단층에서 발생했으며, 이를 통해 지하에 있는 활성단층이 한반도 내륙의 주요 지진 원인임이 밝혀졌다. 이 두 지진은 지하 활성단층에 대한 체계적인 조사의 필요성을 드러내며 우리나라 지진 연구에 새로운 전기를 마련했다.

단층은 지진의 주기와 잠재성을 평가하는 중요한 단서를 제공한다. 단층이 마지막으로 움직인 시점을 알아내면, 그 주기를 바탕으로 미래의 지진 발생 가능성을 예측할 수 있다. 한반도의 단층 대부분은 과거의 응력 환경에서 형성되었으며, 현재는 활동이 미비하거나 안정된 상태로 보인다. 그러나 최근 몇 년 사이에 발생한 주요 지진들은 지표에 드러나지 않은 지하 단층에서 발생한 사례가 많다. 2007년 오대산 지진, 2016년 경주 지진, 2017년 포항 지진 등은 모두 지하 단층과 관련이 있었다. 이러한 지진들은 역사적으로도 지하 단층에서 반복적으로 발생했을 가능성이 크다. 따라서 한반도에서 발생할 수 있는 대규모 지진의 잠재력을 평가하려면 지하 단층에 대한 정밀한 연구가 필수적이다.

지하 단층을 찾기 위해서는 다양한 조사 방법이 활용되는데, 미소지진 탐지, 탄성파 탐사, 지구물리 탐사 등은 지하 단층의 크기와 자세를 추정하는 데 유용하다. 규모가 작은 미소지진을 탐지하면 지진 발생이 적은 지역에서도 단층의 위치를 파악하는 데 도움이 된다. 하지만 지진 활동이 미약하거나 탐지 장비가 부족한 지역에서는 이러한 방식이 제한적일 수 있다. 이 경우 탄성파 탐사와 지구물리 탐사를 통해 지하 구조를 영상화하는 방법이 효과적이다. 특히 최근에는 미세 진동기를 활용한 기술이 발전해서, 수 킬로미터 깊이의 지하 단층도 상세히 분석할 수 있다. 그러나 깊이가 10km 이상 되는 단층은 탐사에 제약이 따르며, 많은 경우 지진 발생 이후에야 정밀 조사가 이루어진다.

경주 지진과 포항 지진 이후, 정부와 관련 기관들은 단층 연구에 박차를 가하고 있다. 2025년 현재, 행정안전부와 기상청은 전국을 권역별로 나누어 단층 조사를 진행 중이며, 원자력안전위원회는 경주 지진 진앙지와 원자력발전소 주변의 단층을 정밀히 조사하고 있다. 기상청 주관 조사는 수도권과 영남 지역의 조사가 2021년 완료되었으며, 현재는 강원 지역 조사가 진행 중이다. 2026년까지 강원 지역 조사가 마무리되면 충청, 전라, 제주 지역으로 조사가 확대될 예정이다.

이러한 조사 결과는 단층의 위치와 성격을 파악하는 데 그치지 않고, 지진 대비와 재해 저감에도 중요한 기초 자료로 활용된다. 특히, 사회기반시설 구축 및 고준위 방사성 폐기물 처분장 부지 선정 등 다양한 분야에서 큰 역할을 할 것으로 기대된다.

지진을 제대로 이해하기 위해서는 단층을 움직이게 하는 힘인 응력에 대해서 반드시 알아두어야 한다. 응력이 지각 내에서 어떻게 축적되고 방출되는지 알면 지진을 예측하는 데 큰 도움이 된다. 그럼 이어서 응력의 개념과 응력이 단층에 미치는 영향을 본격적으로 살펴보자.

보이지 않는 힘, 지진을 만드는 응력

지진을 일으키는 힘: 응력 전이의 영향력

지진은 지구 내부에 쌓이는 보이지 않는 힘인 응력에서 비롯된다. 응력은 작용 방향에 대한 상대적 위치에 따라 해당 매질에 압축력으로 작용할 수도 있고, 장력으로 작용할 수도 있다. 즉, 압축력은 플러스(+) 응력에 해당하고, 장력은 마이너스(-) 응력에 해당한다. 일반적으로 응력 증가라고 하면 이러한 압축력이나 장력의 크기가 커지는 것을 말한다. 압축력은 물질을 안쪽으로 밀어붙여 단단하게 만들고, 장력은 바깥으로 잡아당겨 팽팽하게 만든다. 이 두 가지 힘이 지구 내부에서 균형을 유지하지 못할 때, 특히 암반이 버틸 수 있는 한계(전단강도)를 넘어설 때, 약한 부분이 파열되며 단층 운동이 일어나 지진이 발생하는 것이다. 응력은 이동하고 변화하는데, 이를 응력 전이라고 한다.

지진이 발생하는 과정에서는 다양한 일이 일어난다. 지층이 서로 어긋나며 단층 운동이 일어나고, 지진파가 지구 내부로 빠르게 퍼져나간다. 지진이 발생한 단층대 주변에는 변형이 생긴다. 단층이 움직이면서 수축이 일어난 곳에서는 압축력이 더욱 증가하고, 팽창이 일어난 곳에서는 기존에 작용하고 있던 압축력이 감소한다. 응력이 증가한 지역은 지진 발생 빈도가 높아지고 반대로 응력이 감소한 지역은 지진 발생 가능성이 낮아진다.

역사적으로 대규모 지진은 강력한 응력 전이를 일으키며 연쇄적인 지진을 촉발하거나 화산 활동을 유발했다. 대표적으로 2004년 인도네시아 수마트라섬 인근에서 발생한 규모 9.1의 대지진을 들 수 있다. 이 지진은 주변 단층의 응력을 증가시켜 3개월 뒤 규모 8.7의 지진을 일으켰으며, 이로 인해 인도네시아 일대 화산들이 활동을 시작했다. 2011년 동일본 대지진 이후에도 일본 신모에다케 화산이 분화하는 등, 초대형 지진은 단층뿐만 아니라 화산 활동에도 큰 영향을 미친다.

중국 쓰촨성에서는 2008년 규모 7.9의 대지진이 발생해 약 8만 7,000명이 목숨을 잃었다. 그리고 그 여파는 거기서 끝나

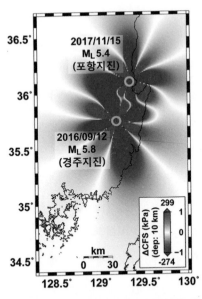

▲ 경주 지진과 포항 지진에 의한 유도 응력 분포. 경주 지진과 포항 지진이 배출한 응력은 주변 지역의 응력 변화(빨간색: 응력 증가, 파란색: 응력 감소)를 일으켰다. 응력이 증가한 지역을 중심으로 여진이 있었다.

지 않았다. 같은 해 8월과 2013년 4월에 각각 규모 7.0의 강진이 이어졌는데, 이는 쓰촨성 주변 지역의 응력 증가로 발생한 연쇄 지진이었다. 이런 사례는 대규모 지진이 응력을 이동시키며 새로운 지진의 씨앗을 뿌릴 수 있음을 잘 보여준다.

한국에서도 이러한 현상이 관측되었다. 2016년 발생한 규모 5.8의 경주 지진은 진앙지 인근뿐 아니라 수십 킬로미터 떨어진 지역에도 영향을 미쳤다. 진앙지를 기준으로 북동-남서 방향과 북서-남동 방향으로 응력이 증가한 반면, 북-남, 동-서 방향으로는 응력이 감소했는데, 이 결과를 근거로 응력이 증가한 지역에서는 또 다른 중대형 지진이 발생할 가능성이 제기되기도 했다. 그런데 그것이 실제로 일어나고 말았으니, 이듬해 발생한 규모 5.4의 포항 지진이 바로 경주 지진으로 응력이 증가한 지역에서 발생한 지진이다. 이 지진은 진앙지를 중심으로 북동 – 남서, 북서 – 남동 방향으로 응력을 증가시켜 이 지역의 응력 환경을 더 복잡하게 만들었다. 특히 포항 앞바다 지역에서는 이후에도 수차례 응력 전이에 의한 지진이 발생했다.

응력과 물의 복잡한 상호작용

응력 전이에 영향을 미치는 요소는 지각판 운동과 같은 지질학적 원인뿐 아니라 물과 같은 외부 요인에서도 찾을 수 있다. "부드러움이 강함을 이긴다"라는 말은 지진 발생에서 물의 역할을 설명할 때도 잘 어울리는데, 물이 단층대의 압축응력을 낮추어 지진 발생을 촉진하는 촉매 역할을 한다. 땅속 공간에 유입된 물은 공간을 천천히 채우며 단층의 응력 환경에 큰 변화를 불러온다. 물이 방사 방향으로 장력을 만들어 단층의 압축응력을 낮추고, 결과적으로 마찰력이 낮아져서 지진 발생을 촉진하는 것이다. 물의 양이 많을수록 압축응력이 더 낮아지므로, 지하수 유입이나 단층대에 물이 주입될 경우에는 지진 발생 빈도가 높아질 수 있다.

대표적인 사례로, 미국의 뉴마드리드 지진대에서는 지하수 유입으로 인해 지진이 발생한 사례가 보고되었다. 또한, 지열 발전, 오일셰일 개발, 이산화탄소 지중 저장과 같이 인간 활동으로 물이 지하에 주입될 경우에도 지진이 유발될 수 있다. 2017년 발생한 포항 지진 역시 지열발전 과정에서 물이 주입되면서 단층의 응력 환경을 변화시킨 결과로 밝혀졌다.

　응력과 물의 복잡한 상호작용은 지진이 발생하지 않을 것이라 믿었던 지역에도 영향을 미칠 수 있다. 대규모 지진으로 발생, 전이된 응력은 수년, 심지어 수십 년 뒤에도 지진을 발생시킬 수 있으며, 물과 같은 외부 요인은 이 과정에서 촉매 역할을 할 수 있다. 따라서 지진 빈도가 낮은 지역이라 하더라도 잠재적 위험에 대비해야 한다.

　이처럼 지진은 단순히 하나의 사건이 아니라 연쇄적인 현상으로 이어진다. 그 중심에는 응력이라는 보이지 않는 힘과 이를 변화시키는 다양한 요인이 존재한다. 지진은 그 발생 원인과 메커니즘에 따라 여러 가지로 구분될 수 있다. 이어서 지진의 분류에 대해 살펴보며, 각기 다른 지진의 발생 방식을 이해해보자.

지진에도 종류가 있다

유발지진과 촉발지진

지진의 발생 원인에 따른 분류를 깊이 파고 들어가기 전에, '유발지진induced earthquake'과 '촉발지진triggered earthquake'이라는 개념을 먼저 알아보자. "형식이 내용을 결정한다"라는 말처럼 환경 조건의 작은 차이가 지진의 성격과 결과를 크게 바꿀 수 있다. 과거에는 학계에서 두 용어가 특별한 구분 없이 혼용되었으나, 2017년 포항 지진을 둘러싼 논의에서 그 차이를 정의해야 할 필요성이 생겨났다.

　이 두 용어를 이해하려면 먼저 지진 발생 원리와 응력 유도 과정을 살펴볼 필요가 있다. 일반적으로 지진은 축적된 응력이 방출되며 발생한다. 초대형 지진은 먼 지역에까지 강한 지진파를 전파하며 응력을 전이시키고, 새로운 지진 발생의 계기를 제공할 수 있다. 예를 들어, 2011년 동일본 대지진은 한반도와 같은 멀리 떨어진 지역의 지진 활동성을 증가시킨 바 있다. 또한 중규모 지진이 인접 지역에서 추가적인 지진을 유발하기도 한다.

자연적인 지진 외에도 인간 활동이 지진을 발생시키는 일도 있다. 대표적인 예로 앞에서도 언급한 오일셰일 개발이 있다. 미국 오클라호마에서는 오일셰일 개발 과정 중 배출되는 오염수를 깊은 지층에 매립하면서 응력 불균형이 발생해, 규모 5가 넘는 지진을 포함하여 지진 발생 빈도가 급증했다. 지표 환경이 오염되는 것을 피하기 위한 시도가 또 다른 오염과 재난을 불러온 것이다. 최근 탄소 저감을 목적으로 땅속에 고압의 액화 탄소를 주입하는 시도에서도 유사한 현상이 나타났다. 이러한 활동은 지하 응력 상태를 변화시켜 작은 규모의 지진들이 연쇄적으로 발생하도록 만들 수 있다.

우리나라에서는 2017년 발생한 규모 5.4의 포항 지진을 계기로 유발지진과 촉발지진을 구분하는 논의가 시작되었다. 포항 지진 정부조사연구단은 유발지진을 '원인 요소의 자극 범위 내에서 발생한 지진'으로, 촉발지진을 '자극 범위 밖에서 발생한 지진'으로 구분하여 설명했는데, 특히 포항 지진을 물 주입에 의한 직접적인 촉발이 아닌 미소지진으로부터 유도된 응력에 의한 촉발이라고 설명하며, 물 주입에 의한 2차 효과로 설명했다. 연구단은 물 주입 이전에 이미 단층이 임계 응력 상태에 도달했으며, 그 주요 원인으로 지각판과 지각판이 서로 균형을 이루며 만들어낸 지구조tectonic 응력을 지목했다. 이는 지진파 자료 분석으로 확인된, 물에 의한 공급압 증가 효과가 크지 않았다는 사실과 일치하는 설명으로, 단층 주변의 복잡한 응력 상태와 지질학적 환경이 지진 발생에 어떻게 관여하는지를 잘 보여준다.

　정리하면, 유발지진은 기존에 지진 발생 가능성이 크지 않았던 단층에 인간 활동이 직접적이고 지배적인 영향을 미쳐 발생한 지진, 촉발지진은 이미 응력이 임계점에 도달한 단층에서 외부 요인이 작은 방아쇠 역할을 하여 발생한 지진이다. 이를 비유적으로 물이 거의 없는 컵과 물이 가득 찬 컵으로 이해할 수 있다. 각 컵의 물을 넘치게 하는 데 필요한 물의 양은 다르다. 유발지진은 물이 거의 없는 컵에 한꺼번에 많은 물을 부어 물이 넘치는 경우, 촉발지진은 이미 물이 가득 담긴 컵에 몇 방울의 물이 더해져 컵이 넘치는 경우에 해당한다고 할 수 있다.

　지진이 일어나는 메커니즘을 더 깊이 이해하기 위해서는 진원의 깊이에 따른 지진의 분류도 살펴볼 필요가 있다. 얕은 곳에서 발생하는 지진과 깊은 곳에서 발생하는 지진은 단층의 운동 양상과 영향을 미치는 요인이 다르기 때문이다.

깊이가 만드는 차이: 진원 깊이의 중요성

지진 피해의 정도는 여러 요인에 따라 달라지지만, 진원 깊이는 그중에서도 핵심적인 역할을 한다. 진원이 얕을수록 에너지가 지표에 강하게 전달되어 피해가 심각해질 가능성이 높다. 따라서 진원 깊이를 이해하는 것은 지진 발생 메커니즘을 밝히고, 효과적인 재난 대비책을 마련하기 위한 필수적인 과정이다.

지진의 발생 깊이는 매질 환경과 응력 환경에 따라 달라진다. 매질 환경은 지하의 온도와 압력 조건에 의해 결정되며, 이러한 물리적 특성이 지진이 발생할 수 있는 깊이를 좌우한다. 응력 환경은 지각판의 운동 방향과 강도에 영향을 받는데, 특히 판들이 서로 맞물려 있는 경계 부근에서는 강한 응력이 발생한다. 여기서 알 수 있듯 지구에서 발생하는 지진의 깊이 분포는 지역별로 차이를 보인다.

진원 깊이에 따라 지진은 크게 천발지진, 중발지진, 심발지진의 세 범주로 나뉜다. 천발지진은 진원의 깊이가 50km 이

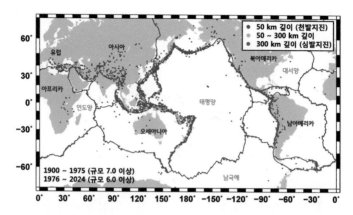

▲ 전 세계 규모 6.0 이상의 지진 분포와 진원 깊이. 규모 6.0 이상의 큰 지진 대부분은 지각판 경계부를 따라 분포한다. 지각판 충돌대에서는 천발, 중발, 심발지진이 모두 발생하고, 지각판이 새로 만들어지는 곳(해저산맥)에서는 천발지진이 주를 이룬다.

내에 위치하는 지진으로, 피해를 일으키는 지진 대부분이 여기에 속한다. 50~300km 깊이에서 발생하는 중발지진은 대체로 판의 섭입대에서 일어나며 피해는 상대적으로 제한적이다. 심발지진은 300~700km 깊이의 맨틀전이대에서 일어나고 지진파가 이동하는 동안 에너지가 대부분 분산되기 때문에 지표에는 거의 영향을 미치지 않는다.

　우리나라에서 발생하는 지진의 대부분은 판 내부에서 일어나는 천발지진으로, 깊이는 주로 5~15km 사이다. 이렇게 얕은 깊이의 지진은 지표에 에너지를 집중적으로 전달하기 때문에 규모가 중간 정도라 하더라도 큰 피해를 초래할 수 있다.

예를 들어, 2014년 충남 태안군 서격렬비도 인근에서 발생한 규모 5.1의 지진은 진원 깊이가 10km로 얕았기 때문에 수도권까지 진동이 감지될 정도로 큰 영향을 미쳤다. 1976년 중국 탕산 지진(12.2~16.7km), 2009년 이탈리아 라퀼라 지진(10km), 2010년 아이티 지진(13km), 2011년 뉴질랜드 크라이스트처치 지진(5km) 등도 얕은 깊이에서 발생해 심각한 피해를 주었다.

한편 응력 환경을 변화시키는 요소로 진원 깊이에 변화가 생기기도 하는데, 2011년 동일본 대지진 이후 한반도에서는 진원 깊이가 기존보다 더 깊은 지진들이 많아졌다. 이는 대형 지진이 주변 지역의 응력 상태에 영향을 미쳐 지진의 발생 양상을 변화시킨 사례이다.

진원 깊이는 이처럼 지진 피해의 정도와 특성을 이해하는 데 중요한 지표다. 얕은 깊이의 지진일수록 피해가 커질 가능성이 높은 만큼, 이를 고려한 지진 대비책이 필요하다. 이어서 진원 깊이 외에 지진을 구분하는 다양한 기준들과 지진의 종류에 대해 더 알아보도록 하자.

지진의 다양한 얼굴들: 지진의 종류와 그 기준

지진은 발생 위치, 발생 순서, 규모, 기록 방식, 발생 원인과 단층의 운동 형태 등 여러 기준에 따라 다양하게 분류할 수 있다. 이러한 구분은 지진의 특성을 이해하고, 그에 따른 대응 전략을 마련하는 데 중요한 정보를 제공한다.

앞서 알아본 대로 판 경계부는 지진 발생의 주요 무대다. 지진 대부분이 판 경계부에서 일어나며, 대표적인 예로 2004년 발생한 인도양 수마트라섬 대지진과 2011년에 일어난 동일본 대지진을 들 수 있다. 하지만 판 내부에서도 응력이 축적되면 지진이 일어날 수 있다. 규모 7.5의 1976년 중국 탕산 지진이 바로 판 내 지진이었는데, 진원 깊이가 얕아 심각한 피해를 초래했다. 한편 2008년 쓰촨성 지진은 판의 경계부와 지리적으로 떨어진 단층에서 발생했지만, 판의 충돌 효과로 만들어진 티베트고원 가장자리에서 일어났다는 점에서 판 경계부 지진의 특성과 판 내 지진 특성을 모두 보인 지진이다.

발생 순서에 따라서는 전진, 본진, 여진으로 구분할 수 있는데, 해당 단층에서 발생한 가장 큰 지진이 본진이고, 그 전에 발생한 지진을 전진, 그 후에 발생한 지진을 여진이라고 한다. 이 세 가지는 연쇄적인 지진 발생이 끝난 후에야 정확하게 구분할 수 있다. 이 중 여진은 본진이 초래한 응력의 재분배 과정에서 발생하며, 규모는 본진보다 작지만 여전히 위험한 지진이다.

진원지에서 발생한 에너지의 크기, 즉 규모에 따라서도 분류할 수 있다. 이는 파괴력과 피해 정도를 가늠할 수 있는 중요한 기준이기도 하다. 규모 3.0 이하의 지진은 대부분 지진계에만 기록되는 작은 진동이다. 규모 4.0~6.0의 중규모 지진은 건물에 피해를 줄 수 있고, 규모 6.0 이상의 지진은 광범위한 피해를 일으킬 수 있는 강진이다. 특히 규모 8.5 이상의 초대형 지진은 대규모 재난으로 이어질 수 있다. 한반도에서는 지진의 최소 규모가 2.2 정도로 설정되어 있으며, 규모 1.0 이하의 미소지진은 진원지의 바로 위 지표면 지점인 진앙지에 설치된 지진계에서만 관측된다. 하지만 미소지진 또한 단층 구조와 지진 발생 메커니즘을 연구하는 데 중요한 단서를 제공할 수 있다.

지진은 기록 방식에 따라 분류하기도 한다. 지진계에 기록된 지진을 계기지진이라고 하며, 역사적 기록에 남은 지진을 역사지진이라고 하는데, 피해 분석을 통해 당시의 진앙지와 규모를 추정할 수 있다.

또 중요한 기준으로, 발생 원인과 단층의 운동 형태에 따라 나누어볼 수 있다. 지구 내부의 단층 운동으로 발생하는 것이 자연지진인데, 단층의 모양에 따라 정단층지진, 역단층지진,

| 정단층 | 역단층 | 주향이동단층 |

▲ 단층의 유형. 정단층은 단층면의 수평 장력이 작용해 단층면을 기준으로 상반이 하반을 타고 내려가는 운동을 하고, 역단층은 수평 압축력이 작용해 상반이 하반을 타고 올라가는 운동을 한다. 주향이동단층은 단층면이 수평으로 미끄러지는 운동을 한다.

주향이동단층지진, 사교단층지진으로 나뉜다. 정단층지진은 단층면을 기준으로 수평 장력이 작용해 한쪽 블록이 아래로 내려가는 형태다. 주로 해령과 같은 확장형 경계에서 발생한다. 역단층지진은 단층면에서 수평 압축력이 작용해 한쪽 블록이 다른 쪽 위로 밀려 올라가는 형태로, 주로 섭입대에서 관찰된다. 주향이동단층지진은 단층면을 따라 수평으로 어긋나는 형태로, 샌앤드레이어스 단층처럼 지각판이 서로 어긋나는 경계에서 흔히 발생한다. 사교단층지진은 정단층이나 역단층의 움직임에 주향이동단층의 성분이 더해진 복합적인 형태의 지진이다.

반면, 인공지진은 인위적인 활동으로 인해 발생한 지진이다. 광산에서의 발파나 건축 개발 과정에서 발생한 폭발도 인공지진에 포함된다. 북한의 핵실험은 규모 6.3으로 기록될 만큼 강력한 인공지진을 일으키기도 했다. 인공지진은 단층 운동과는 관계없이, 땅이 한순간에 방사형으로만 팽창하기 때문에, 지진파형에서 수직 방향의 지진파가 모두 양의 값(팽창)을 나타내는 것이 특징이다. 이는 자연지진과 인공지진을 구분할 수 있는 중요한 단서가 된다.

그 밖에 화산 폭발이나 산사태, 땅의 함몰로 발생하는 땅 흔들림도 있지만, 이런 것들은 두 쌍의 힘이나 방사형 에너지로 설명할 수 없어 지진과는 다른 현상으로 본다. 이어서 지진 중에서도 가장 강력한 파괴력을 지닌 초대형 지진에 대해 알아보자.

지구의 역사를 다시 쓴
거대한 지진들

지구상에서 발생하는 초대형 지진은 단순한 자연재해를 넘어 지구 자체의 물리적 변화를 일으킬 수 있다. 특히, 규모 8.5 이상의 초대형 지진은 그 발생 시기와 패턴이 매우 흥미롭다. 1900년 이후 2024년까지 발생한 초대형 지진은 총 열여섯 차례에 달하며(부록 2 참고), 그 발생 시기와 지리적 분포에서 뚜렷한 특징을 보인다. 초대형 지진은 1920년대와 1950년대에는 각각 한 차례, 세 차례 발생하였고, 1965년 알래스카 지진 이후 근 40년간 잠잠했으나, 2004년 수마트라섬 지진을 기점으로 다시 빈번히 발생하기 시작했다. 이들 초대형 지진은 대체로 태평양 연안을 따라 분포하고 있으며, 칠레, 알래스카, 수마트라섬, 동일본, 캄차카, 쿠릴열도 등에서 발생해왔다.

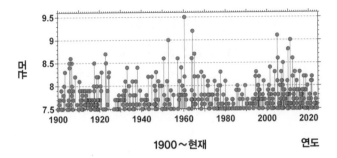

▲ 전 세계 규모 7.5 이상의 대형 지진 발생 추이. 규모 8.5 이상의 초대형 지진은 1900~1920년대 초반, 1950~1960년대, 2000~2010년대 등 특정 시기에 집중적으로 발생하는 패턴을 보인다.

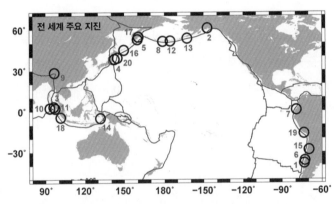

▲ 전 세계 초대형 지진 분포. 초대형 지진들은 응력 누적이 활발하고 빠른 지각판 충돌대에서 발생한다. 지진 위치에 붙은 일련번호는 규모 순위를 나타낸다.(부록 2 참고)

초대형 지진의 발생 원인에 대해서는 아직 정확히 밝혀지지 않았지만, 이들 지진이 특정 시기에 집중적으로 일어나는 현상은 중요한 단서를 제공한다. 초대형 지진은 그 자체로 지구의 응력 불균형을 일으켜 또 다른 초대형 지진을 유발할 수 있는데, 예를 들어 2004년 12월 발생한 인도양 수마트라섬 지진은 그 자체로 막대한 에너지를 방출하며 남쪽 지각판 충돌대를 불안정하게 만들어, 2005년 3월 또 다른 초대형 지진을 촉발했다. 이러한 연쇄적인 지진 발생은, 초대형 지진이 전 세계적인 응력 평형을 맞추기 위한 지구적인 과정에서 발생하는 것이라는 주장에 힘을 실어주고 있다.

　　초대형 지진은 단지 지각을 흔드는 것에 그치지 않는다. 지구를 돌며 퍼지는 표면파는 강한 진동을 일으키고, 이로 인해 지구의 여러 지역에서 연쇄적인 지진이 발생할 수 있다. 또한 초대형 지진은 큰 질량의 매질이 변위를 일으키기 때문에 지구 중력장에도 영향을 미친다. 그 결과 중력파가 발생해 빛의 속도로 전파된다. 2011년 동일본 대지진 때도 이 중력파가 지진계와 전파망원경에 탐지되었으며, 중력파로 인한 매질 변형 효과가 나타나 1,500km 떨어진 한반도에서도 500초 동안 20cm가량 매질이 서서히 오르내리는 수직 운동이 있었다. 한반도에 있는 모든 사람과 시설물이 이 변형을 겪었는데, 긴 시간 동안 서서히 일어난 까닭에 인지하지 못했을 뿐이다. 이렇게 서서히 일어난 큰 변화가 장기적으로 어떤 영향을 주는지는 아직 알려지지 않았다.

초대형 지진의 영향은 일시적인 지각 변형에 그치지 않는다. 동일본 대지진의 경우, 한반도는 진앙지 방향으로 최대 5cm 정도 이동했으며, 이는 지각 내 응력 불균형을 일으켜 한반도의 지진 발생 빈도를 높이는 결과를 낳았다. 이처럼 초대형 지진은 그 자체로도 지구에 많은 영향을 미칠 뿐 아니라, 이후 발생하는 지진들과도 연관이 있는데, 2021년에는 동일본 대지진의 여파로 규모 5.9의 지진이 도쿄에서 발생하기도 했다.

초대형 지진은 지구의 자전에도 영향을 미친다. 2004년 12월 26일 인도양 수마트라섬 지진은 지구 자전 속도를 빠르게 하여 하루 길이를 6.8마이크로초 짧게 만든 것으로 밝혀졌다. 이러한 변화는 지구에 심각한 변화를 초래할 수 있다. 지구 자전 속도가 바뀌어 하루 길이가 변하면 태양으로부터 받는 복사에너지 양에도 변화가 생기고, 이는 기후 변화로 연결되어 생명체에도 영향을 미치게 되는 것이다.

자전은 지구 시스템 내에서 이처럼 중요한 역할을 한다. 과거 지구의 초대륙 분리와 충돌도 이와 관련이 있는데, 그 원동력이랄 수 있는 맨틀 대류에 열원 역할을 하는 액체 외핵이 바로 지구 자전에 영향을 받기 때문이다. 한편 최근의 연구에서는 엘니뇨와 같은 기후 변화가 지구 자전 속도에 영향을 미친다는 사실이 밝혀졌다. 기후 변화가 다시 지구 자전에 영향을 미치고 있는 것이다.

초대형 지진은 지구 시스템의 복잡성과 상호작용을 이해하는 데 중요한 단서를 제공한다. 이러한 거대한 지각 변화는 국지적 영향을 넘어 대기, 해양, 생태계에 이르기까지 지구 전반에 걸쳐 다양한 영향을 미친다. 예를 들어, 초대형 지진이 일으키는 지진해일은 해안 지역의 지형과 생태계를 재구성하고, 대기 중 미세 입자의 변화는 기후에까지 영향을 미칠 수 있다. 이러한 맥락에서 초대형 지진은 단일 사건이 아니라, 연속적인 변화를 촉발하는 시작점이라 할 수 있다.

그렇다면, 이러한 지진이 어떤 주기로 발생하며, 얼마나 자주 일어나는지 질문해볼 수 있다. 다음에서는 지진의 발생 주기와 빈도에 대해 살펴보자.

지진, 규칙적으로 찾아오는 손님일까?

지진의 발생 주기는 여러 요소에 영향을 받는다. 그중에서도 지역 내 응력의 누적 속도와 매질의 강도가 중요한 역할을 한다. 응력은 매질 내에서 서서히 축적되며 다양한 형태로 조금씩 배출되기 때문에, 시간이 지나면서 응력량과 매질의 강도는 변한다. 이러한 변화는 결국 지진 발생 주기에도 영향을 미친다. 지각판 경계부와 같은 지역에서는 지속적으로 응력이 쌓여 주기적으로 지진이 발생하는 경향이 있다. 이렇게 지진이 반복적으로 발생하는 경향은 '재래주기(재현주기)'라는 개념으로 설명할 수 있다. 재래주기란 특정 지역에서 같은 규모의 지진이 다시 발생하기까지의 평균 시간인데, 이 주기성은 전 세계 여러 지역에서 뚜렷하게 확인된다.

지진 주기는 짧게는 몇십 년에서 길게는 몇천 년까지 다양하다. 전 세계적으로 1900년 이후의 계기지진 기록을 살펴보면, 규모 8 이상의 지진은 매년 한 번 정도 발생하며, 규모 7대의 지진은 매년 15회 내외, 규모 6대의 지진은 140회 내외, 규모 5대는 1,300회 내외, 규모 4대는 약 13,000회 내외로 발생한다. 규모 7 이하의 지진 발생 빈도는 매년 거의 일정하며, 이들 대부분은 판 경계부와 대규모 단층대에서 집중적으로 발생한다.

　미국 서부 샌앤드레이어스 단층이 지나가는 파크필드 지역에서는 1857년부터 1966년까지 약 22년 주기로 규모 5.5 내외의 지진이 여섯 차례 발생한 바 있다. 이를 근거로 지진학자들은 1979년에 다음 지진은 1988~1993년 사이에 발생할 것이라 예측했지만 실제로는 2004년 9월 28일, 예측보다 11년 이상 늦게 발생했다. 이 지연 발생에 대해 다양한 과학적 해석이 이루어지고 있다. 한편 일본 동경 연안의 난카이 해구에서 규모 8 이상의 대형 지진이 150~200년 주기로 발생할 수 있다는 우려가 몇 년 동안 제기되어왔는데, 2024년 8월 8일, 일본 규슈 앞바다에서 발생한 규모 7.1의 지진이 대형 지진의 전진일 수 있다는 주장도 있었다. 또 2008년의 쓰촨성 지진은 재래주기가 3,000년에서 6,000년에 달하는 지진이었으며, 2011년의 동일본 대지진은 600년에서 1,300년 주기를 가지고 있는 것으로 추정된다.

　지진의 주기와 빈도는 지질학적 단서에도 불구하고, 자연의 복잡성과 변동성 때문에 완벽한 예측이 어렵다. 앞서 말한 샌 앤드레이어스 단층의 사례처럼, 지진은 예상했던 주기와 다르게 발생할 수 있으며, 지각판의 움직임이나 맨틀 대류의 변화는 시간이 지남에 따라 판 구조와 지진 발생 양상에 새로운 변수를 더한다. 또한 인간 활동과 국지적인 지하 응력 변화도 지진 발생 빈도에 영향을 미치니, 자연지진뿐 아니라 인간 활동까지 함께 고려해야 한다.

　이렇게 복잡한 주기와 빈도를 갖는 지진을 어떻게 측정하고 분석할 수 있을까? 다음에서는 지진 관측과 분석의 기본 원리와 함께, 지진계와 지진파에 대해 자세히 알아본다.

2장

지진을
관측하고
분석하는
법

지진의 출생 정보 찾기

과거를 통해 미래를 예측한다

지진 피해를 최소화하는 가장 효과적인 방법은 물론 지진이 언제, 어디서 발생할지를 미리 파악하는 것이겠다. 이를 위해 인류는 오랜 시간 다양한 시도를 해왔으며, 과학적인 예측 방법은 20세기부터 본격적으로 발전하기 시작했다. 그중에서도 중요한 지진의 주기성을 활용한 예측에 대해 알아보자.

지진의 발생 빈도와 주기를 파악하는 데 가장 널리 사용되는 방법 중 하나는 '구텐베르크-릭터 법칙'이다. 1944년 베노 구텐베르크와 찰스 릭터는 지진의 발생 빈도가 지진 규모에 따라 일정한 비율로 분포한다고 주장하며 이를 수식화했다. 이 법칙은 특정 지역에서 발생한 지진의 크기와 빈도 간의 관계를 설명하는데, 특정 규모의 지진보다 큰 지진이 일어날 확률을 보여준다.

$$\log N = a - bM$$

여기서 N은 연간 규모 M 이상의 지진 발생 횟수이고, a와 b는 지역별로 정해지는 상수이다. a값은 규모 0 이상의 전체 지진 발생 횟수이다. b값이 클수록 작은 지진 발생 빈도가 높고, b값이 작으면 큰 지진 발생 횟수에 비해 작은 지진 발생 횟수가 적다는 의미이다. 다시 말해 b값이 큰 지역은 응력이 작은 지진들로 주로 풀리는 지역이고, b값이 작은 지역은 응력이 큰 지진으로 풀리는 지역이다. 각 상수는 해당 지역의 응력 환경과 지질학적 특징과 밀접한 관련이 있다. 예를 들어, b값이 1인 지역에서 규모 4 이상의 지진이 연간 100회 발생하는 경우, 규모 5 이상의 지진은 10회, 규모 6 이상의 지진은 1회 발생하는 식이다. 우리나라의 경우, b값이 1보다 작아 상대적으로 큰 지진도 발생할 가능성이 있음을 알 수 있다. 이러한 분석은 지역별 지진 발생 주기를 계산하고, 지진위험지도를 작성하는 데 유용하다.

지진의 주기성은 지진 위험도를 산정하거나 예측할 때 매우 중요한 지표다. 지진과 강진동 재래주기를 분석하면 지진 재해의 잠재성을 평가할 수 있다. 재래주기는 해당 지역의 응력 누적 속도와 매질의 강도에 따라 달라지는데, 매질의 상태 변화로 인해 정확히 예측하기는 어렵다. 특히 한반도처럼 판 경계에서 멀리 떨어진 판 내 환경에서는 응력이 천천히 쌓인다. 이로 인해 판 내 지진은 판 경계부 지역의 지진에 비해 재래주기가 길고, 같은 규모의 지진 발생 간격도 더 길어진다. 한반도의 경우, 지진계 기록이 1900년대 초반에야 본격적으로 시작되었기 때문에 긴 재래주기를 가진 지진의 이력을 파악하는 데 한계가 있다.

이렇게 재래주기가 긴 지진을 예측하기 위해 현장 조사를 통해 단층 활동의 주기를 분석하거나 역사적 기록을 활용하기도 한다. 현장 조사는 단층면을 파내어 단층면상의 미끌림 변위를 측정하거나, 단층 시료를 채취해 활동 연대를 분석하는 방식으로 이루어진다. 이를 통해 단층 운동의 시기를 추정할 수 있다. 하지만 모든 단층이 지표에 드러나는 것은 아니며, 특히 깊은 곳에서 발생하는 지진의 경우 단층이 지표에서 관찰되지 않아 조사에 한계가 있다. 또한 단층이 치유되거나 퇴적층에 덮여 단층 이력을 확인하기 어려운 경우도 있다.

이러한 한계를 보완하기 위해 역사 기록을 활용할 수 있다. 역사서, 일기, 편지와 같은 기록물이나 건축물의 증개축 기록

등은 과거 지진의 피해 규모와 위치를 추정하는 데 유용한 자료가 된다. 예를 들어, 779년에 발생한 경주 지진은 100여 명의 인명 피해를 초래했으며, 1024년과 1038년의 지진은 석가탑을 무너뜨린 것으로 기록되어 있다. 이런 사례는 해당 지역에서 큰 지진이 다시 발생할 가능성을 시사한다. 조선시대 기록을 분석한 연구에 따르면, 서울과 수도권 지역에서 최소 여섯 차례 규모 5 이상의 지진이 발생한 것으로 확인되었다. 우리나라는 《조선왕조실록》과 같은 연속적이고 체계적인 기록을 보유하고 있어, 500년 이상에 걸친 지진 이력을 활용할 수 있다는 장점이 있다.

지진 주기를 이해하고 활용하는 것은 미래의 지진 피해를 최소화하는 데 필수적인 작업이다. 과거의 단층 활동과 역사 지진 기록은 현재의 과학적 방법론과 결합하여 지진 발생 가능성을 보다 정확히 예측할 수 있는 귀중한 자료를 제공한다. 특히 지진의 핵심 요소인 발생 시간, 위치, 규모에 대한 보다 정밀한 이해는 예측 정확도를 높이고, 재난 대비 체계를 강화하는 데 중요한 역할을 한다.

진원 정보: 시간, 위치, 규모가 말해주는 것들

지진도 사람처럼 출생 정보를 기록할 수 있다. 사람이 태어나면 부모, 출생 장소와 일시, 출생아의 신체 상황 등 기본 정보를 출생증명서에 기록하는 것처럼, 지진도 발생 시간, 위치, 규모 등의 정보를 신속하게 계산하여 발표하는데, 이런 정보를 진원 정보라고 한다.

그중 지진 발생 시간과 발생 위치는 동시에 결정되기도 하고 따로 결정되기도 하는데, 위치는 몇몇 관측소의 관측 결과를 종합하여 각 관측소에 관측되는 P파와 S파의 도달 시간 차이를 활용해서 관측소로부터 떨어진 거리를 계산해 결정한다. 일반적으로 위치와 시간은 연동하므로 어느 하나가 수정되면, 다른 하나도 결정값이 바뀌어 나타난다.

규모는 진원 정보 중 가장 중요한데, 지진의 크기와 방출된 에너지를 수치화한 값이다. 지진 규모는 보통 지진모멘트(M_0)를 통해 계산된다.

$$M_0 = \mu DA$$

지진모멘트는 단층면의 면적(A), 단층의 변위(D), 그리고 단층을 구성하는 물질의 강성률(μ)에 따라 결정된다. 강성률이 클수록, 즉 단층면의 암석이 단단할수록 지진을 일으키기 위해 필요한 에너지가 많아진다. 이 지진모멘트를 활용하여 계산된 지진 규모를 '모멘트 규모(M_W)'라고 한다.

$$M_W = \frac{2}{3} \log M_0 - 10.7$$

흥미로운 점은 지진 규모가 1 차이날 때마다 방출되는 에너지는 32배 차이난다는 것이다. 예를 들어, 규모 5의 지진은 규모 4에 비해 32배 많은 에너지를 방출하며, 규모 5는 규모 3에 비해 무려 32×32=1024배 더 많은 에너지를 방출한다. 물론 규모가 클수록 지진파의 진폭이 커지고, 땅의 흔들림이 심해져 더 큰 피해를 초래할 가능성이 높다.

지진파의 진폭을 활용해 지진의 크기를 측정하는 방법 중 하나가 바로 릭터 규모다. 1935년 캘리포니아 공과대학의 찰스 릭터가 고안한 이 방식은, 지진계에 기록된 지진파의 진폭 데이터를 기반으로 지진의 규모를 산출한다. 그는 당시 캘리포니아 지역에 설치된 우드-앤더슨 단주기 지진계에 기록된 진폭을 기준으로, 지진의 규모를 간단히 계산할 수 있는 체계를 마련했다. 릭터 규모도 로그함수를 사용하므로 규모가 1 증가할 때 방출 에너지는 32배씩 증가한다. 릭터 규모는 지진의 크기를 비교할 수 있는 기준을 제공하며, 전 세계적으로 지진 연구와 이해에 크게 기여했다.

그런데 릭터 규모에는 한 가지 한계가 있었다. 우드 – 앤더슨 지진계는 특정 지역에만 설치되어 있었기 때문에, 다른 지역에서 발생한 지진의 릭터 규모를 계산하려면 해당 지진파 기록을 우드 – 앤더슨 지진계 기준으로 변환해야 했던 것이다. 비록 우드 – 앤더슨 지진계는 더 이상 사용되지 않지만, 지진 규모 계산의 일관성을 유지하기 위해 여전히 이 지진계의 기록을 기준으로 한 방식을 적용하고 있다. 그러나 현대에는 디지털 지진계를 활용해 릭터 규모를 계산하는 새로운 방법들이 개발되었고, 이를 통해 훨씬 더 정확한 지진 규모 측정이 가능해졌다.

릭터의 방식 이후, 지진 규모를 측정하는 다양한 방법들이 등장했다. 국지 규모, 체내파 규모, 표면파 규모 등은 각각 특정 지역이나 지진파의 특성을 반영해 규모를 계산하는 방식이다. 하지만 국지 규모를 사용할 경우, 같은 지진이라도 측정 위치에 따라 결과가 달라질 수 있는 한계가 있었다. 이를 보완하기 위해 개발된 것이 앞서 설명한 모멘트 규모로, 다른 방식을 제치고 점차 주류로 자리잡았다. 모멘트 규모는 지진에서 방출된 에너지를 직접 측정하여 보다 정확한 규모를 산출하며, 다양한 지역에서 발생하는 지진의 규모를 통일된 기준으로 계산할 수 있게 해준다.

진원 정보는 지진 발생 직후 신속하게 계산되어 국제적으로 표준화된 정보 시스템을 통해 공유된다. 이를 기반으로 혼란을 최소화하고 효율적인 대응이 가능해지는 것이다. 이렇듯 중요한 지진의 발생과 규모가 기록되는 지진계에 대해 이어서 알아보자.

흔들림을 기록하는 기계, 지진계의 발전

지진계: 지구의 속삭임을 듣다

지진 피해를 효과적으로 줄이기 위해서는 지진에 대한 신속한 분석이 필요하다. 이를 위해 각국에서는 지진이 빈번히 발생하는 지역에 지진계를 조밀하게 배치하여 지진 발생을 탐지하고 있다. 지진계는 지진에 의해 발생하는 땅의 흔들림을 기록하는 장치로, 사람들이 체감하지 못하는 작은 지진까지도 포착할 수 있다.

현대적인 지진계가 개발된 것은 19세기 말에 이르러서다. 초기 지진계는 용수철에 매달린 추를 이용해 땅의 움직임을 기록했는데, 용수철 상수와 제동율에 따라 기록되는 주파수와 지속 시간이 달라졌다. 최근에는 자기장을 이용한 고감도 지진계가 주로 사용된다. 이러한 지진계는 스프링에 연결된 철제 추가 움직일 때 코일에 전압을 유도하고, 이를 기반으로 땅의 움직임 속도를 기록한다. 이후 이 기록은 센서 효과를 보정하여 정확한 지반 움직임 데이터로 변환된다.

지진계가 발명되기 이전의 지진은 단층면의 연대 측정과 변위 기록을 통해 지진의 발생 시기와 규모를 추정한다. 그러나 단층면이 지표에 노출되는 경우는 매우 드물며, 있다 하더라도 지표에 드러난 단층의 변위량과 실제 지진이 발생한 깊은 지하에서의 변위량에는 상당한 차이가 있다. 지표 변위만으로 과거 지진의 크기를 정확히 파악하는 데에는 이처럼 한계가 있기에 지진계에 기록된 지진파형 데이터가 지진 연구에서 매우 중요한 역할을 하게 되었다.

지진계는 지진동을 감지하는 지진계 센서와 그 데이터를 기록하는 지진기록계로 구성된다. 최초의 지진계는 물론 아날로그 기록계로, 일정 속도로 회전하는 드럼과 종이를 이용한 방식이었다. 드럼에는 긴 종이가 감겨 있고, 센서로부터 신호를 받은 펜이 종이 위에서 흔들리며 땅의 움직임을 기록했다. 드럼의 회전속도는 지진계 센서의 종류에 따라 다르다. 단주기 센서인 경우 드럼의 회전속도가 빠르고, 장주기 센서를 사용하면 드럼의 회전속도가 느리다. 단주기 기록계는 3~4시간마다, 장주기 기록계는 10~12시간마다 종이를 교체해야 했다. 종이를 제때 교체하지 않으면 이전 기록 위에 새로운 기록이 덧쓰이거나, 드럼 끝에 닿은 펜촉이 부러지는 문제가 발생하곤 했다.

아날로그 지진 기록을 분석하려면 디지타이징digitizing이라 불리는 과정을 통해 디지털 자료로 변환해야 한다. 디지털화된 자료는 지구 내부 구조 연구, 단층 운동 분석 등 다양한 과학적 목적에 활용된다. 과거에 이 과정은 아날로그 지진파형 기록을 빛이 비치는 큰 디지털 테이블 위에 올리고, 마우스를 사용해 파형의 진폭을 따라가며 데이터를 하나씩 저장하는 방식으로 이루어졌다.

이처럼 아날로그 기록을 디지털화하는 작업은 세심함과 인내를 요구하며, 한 개의 지진파형을 변환하는 데도 많은 시간이 걸렸다. 방대한 자료를 분석하려면 더 많은 시간과 노력이 필요했다. 디지타이징 과정에서 연구자가 얼마나 정확히 데이터를 변환하느냐에 따라 연구 결과가 달라지기도 했다. 이런 아날로그 기록을 기반으로 1930년대에 이미 지각, 맨틀, 핵으로 이루어진 지구 내부 구조가 밝혀졌다. 디지털 기술이 없던 시대에 이룬 이러한 성과를 통해 당시 지진학자들의 열정과 노력이 얼마나 대단했는지를 엿볼 수 있다.

아날로그 지진기록계는 1990년대 후반까지 널리 사용되었으며, 지금도 과거의 아날로그 기록을 디지털 자료로 전환하는 작업이 진행 중이다. 사람이 일일이 지진파형을 따라가며 디지타이징하던 시절을 지나 현재는 기계가 자동으로 디지털화 과정을 수행하고 있다. 이와 동시에, 아날로그 기록이 손실되는 것을 방지하기 위해 원본 자료를 별도로 보관하거나 사진으로 촬영해 기록을 남기는 작업도 이루어지고 있다. 이렇게 과거 자료를 정성스럽게 보존하는 이유는 지진의 특성 때문이다. 일부 지진은 한 번 발생한 후 다시 일어나기까지 수천 년이 걸릴 수 있어, 시간이 담긴 이 기록들은 지진의 비밀을 푸는 데 없어서는 안 될 중요한 단서가 된다.

내가 다녔던 서울대학교의 지진관측소에도 이런 아날로그 지진기록계가 있었다. 대학원생이었을 때, 우리는 지진기록계의 종이를 교체하기 위해 당번을 정해 밤을 새우며 관측소를 지켰다. 종이 드럼이 회전하는 소리와 잔잔한 밤의 공기가 어우러졌던 그 시간들의 기억이 아직도 생생하다. 2000년대 들어 디지털 지진기록계가 보편화되면서 이런 수고로움은 역사 속으로 사라졌다. 이따금 지진기록계 종이를 교체하던 풋풋한 학생 시절이 기억나 나도 모르게 슬며시 미소가 떠오르기도 한다.

지진계는 설치 방식에 따라 영구 지진관측소와 임시 지진관측소로 나뉜다. 영구 지진관측소는 한 지역에 고정적으로 설치되어 실시간 자료를 수집한다. 이를 위해 지진계 센서와 지진기록계 간에 자료 전송 시스템을 구축하고, 전원이 지속적으로 공급될 수 있는 환경을 갖춘다. 특히 주변 진동의 영향을 최소화하고 지반의 미세한 움직임까지 정확하게 기록하기 위해 센서는 기반암 같은 안정된 지반 위에 콘크리트 기초를 설치한 받침대에 배치된다.

임시 지진관측소는 특정 기간 동안 필요한 지역에 설치된다. 전원 공급은 배터리나 태양광 패널을 활용하며, 영구 지진관측소에 비해 환경적인 제약이 많다. 그러나 신속한 자료 수집이 요구되는 상황에서는 관측 환경의 제약과 일부 기록 품질 저하를 감수한다. 임시 지진관측소에서는 광대역 지진계 센서나 탄성파 파동을 감지하는 지오폰과 같은 장비가 주로 사용되어, 필요한 데이터를 효율적으로 수집한다.

지진계는 기록하는 지진파의 주파수에 따라 장주기, 단주기, 그리고 광대역 지진계로 구분된다. 초기 지진계는 장주기와 단주기 지진계가 따로 설치되었는데, 단주기 지진계는 고주파수의 지진파를 기록하는 데 적합해 근거리에서 발생한 지진을 주로 관측했다. 반면 장주기 지진계는 저주파수 지진파를 기록하며, 원거리에서 발생한 대형 지진을 기록하는 데 활용되었다. 최근에는 단주기와 장주기를 모두 아우르는 광대역 지진계가 널리 보급되어, 다양한 지진파를 효율적으로 기록할 수 있게 되었다.

　지진계는 측정 물리량에 따라 속도계와 가속도계로도 구분된다. 속도계는 땅의 흔들림 속도를 기록하며, 일반적으로 지진 탐지와 분석에 사용된다. 하지만 근거리에서 큰 지진이 발생하면 속도계의 기록 범위를 넘어서는 강한 지진파가 발생할 수 있으며, 이 경우 파형이 잘리거나 온전히 기록되지 않아 분석에 어려움이 생길 수 있다. 이와 같은 강진동은 가속도계를 통해 기록된다. 가속도계는 땅의 흔들림 가속도를 기록하며, 특히 강한 지진의 영향을 분석하는 데 적합하다. 또한 가속도계 기록은 지역 내 건축물과 시설물에 가해지는 힘을 계산하고, 그 힘이 내진 성능을 넘어섰는지를 즉각적으로 평가할 수 있어, 내진 설계와 재난 대응에 중요한 자료를 제공한다.

　지진계는 최근 들어 다양한 방식으로 발전하고 있는데, 지하에서 발생하는 지진을 효과적으로 탐지하기 위해 시추공형 지진계도 널리 활용되고 있다. 이는 지표에서 발생하는 각종 잡음이 지진 탐지에 방해가 되기 때문이다. 교통과 산업 활동 같은 인간의 활동뿐 아니라 지표에서 꾸준히 발생하는 바람, 파도 등 자연현상 역시 미세한 지진파를 탐지하는 데 어려움을 준다. 지표에서 발생하는 이러한 잡음은 지하로 내려갈수록 점차 감소하기 때문에, 지하에 설치하는 시추공형 지진계는 다양한 지진파를 더 정밀하게 기록할 수 있다. 전 세계적으로, 그리고 우리나라에서도 지하 100m 내외의 깊이에 시추공형 지진계를 설치해 운용하고 있다. 최근에는 더 깊은 곳, 예컨대 600m 이상의 깊이에도 지진계를 설치하여 더욱 안정적인 환경에서 관측이 이루어지고 있다.

하지만 시추공형 지진계는 깊은 곳에 설치되는 만큼, 전력 공급과 신호 수집을 위해 긴 케이블이 필요하고, 지표형 지진계에 비해 유지 관리가 어렵다는 단점이 있다. 또한 시추공 내부에 설치되는 센서는 지구 자기장을 기준으로 남북 방향으로 정렬하기 어려운 구조적 제약이 있다. 따라서 센서를 설치한 후, 센서의 실제 방향과 진북 사이의 방위각 차이를 확인해 지진파 데이터에 이를 보정하여 사용한다. 이처럼 시추공형 지진계는 설치와 관리에서 도전 과제가 있지만, 더 정밀하고 신뢰도 높은 데이터를 제공하기 때문에 지진 연구와 지진파 분석에서 점점 더 중요한 역할을 하고 있다.

한계를 넘어: 지진계의 발전과 활용

초기 지진계는 육상을 중심으로 설치되고 운영되었다. 하지만 판 구조론에 대한 이해가 높아지면서 대부분의 지진이 발생하는 지각판의 경계부가 해양 지역에 위치한다는 사실이 밝혀졌고, 이러한 지역에서 일어나는 지진을 모니터링하는 일이 매우 중요해졌다. 이에 따라 해저 지진계가 개발되어 해양 지역에 적극적으로 설치되고 있다. 해저 지진계는 말 그대로 바다 깊은 곳에 설치되며, 일반적으로 해저에 고정된 상태로 작동한다. 그 주된 역할은 해양에서 발생하는 지진파, 즉 지진이 바다 바닥을 통해 전파될 때 그 변화를 감지하는 것이다. 이렇게 수집된 지진파 데이터는 지진 발생 지점, 지진의 강도, 깊이 등을 분석하는 데 활용된다.

해저 지진계는 해양에서 발생하는 지진을 정확하게 탐지할 수 있는 중요한 장치이지만, 설치와 운영에 있어 여러 가지 한계가 있다. 가장 큰 문제는 해저 지진계를 설치할 수 있는 지역이 매우 제한적이라는 점이다. 지구 표면의 71퍼센트를 차지하는 바다 지역을 충분히 커버하는 데는 실질적으로 큰 어려움이 따른다. 또한, 안정적인 전원 공급과 기록된 자료의 전송 및 회수 문제도 있다. 해저 지진계가 제대로 작동하려면 해저 케이블로 연결하여 전기를 공급받아 지진파형 자료를 실시간으로 기록해야 한다.

이러한 해저 지진계의 활용 사례로, 2016년 일본해구에 설치된 해저 지진·지진해일 관측망s-net을 들 수 있다. 일본해구 일대에서 발생하는 지진과 지진해일을 신속하게 감시하기 위해 설치된 S-net은 150쌍의 지진계와 압력계로 구성되어 있으며, 2011년 동일본 대지진 이후 초대형 지진 발생 전 미소 지진을 탐지하고 지진해일의 발생 가능성을 빠르게 평가하는 데 중요한 역할을 하고 있다. 하지만 해저 지진계는 설치 및 운영에 막대한 비용이 들며, 특히 케이블 비용은 센서보다 수십에서 수백 배 더 비쌀 수 있다. 게다가 해양에서의 어로 활동 등으로 인해 케이블이 끊어지는 일도 왕왕 발생하기 때문에 지속적인 관리가 어렵다. 이러한 문제점 때문에, 2006년 울릉도 근해에 설치되었던 우리나라 유일의 해저 지진계도 여러 차례의 가동 중단을 겪다가 결국 2015년에 폐기되었다.

이런 한계를 극복하기 위해 지진계가 아닌 장비가 지진계 역할을 하기도 한다. 그중에 기업이 보유한 사회기반시설을 활용하는 방법이 있다. 광케이블을 활용한 지진 탐지 기술DAS 이다. 2021년 2월 말 〈사이언스〉에 해저 광케이블을 활용한 흥미로운 연구 결과가 발표되었다. 이 연구는 구글과 캘리포니아 공과대학 연구진이 협력하여 수행한 것으로, 해저 광케이블을 이용한 지진 탐지 방법을 제시하고 있다. 구글은 큐리Curie라는 이름의 해저 광케이블 시스템을 운영하고 있는데, 미국 서부 해안을 따라 약 10,000km에 달하는 이 해저 광케이블을 지진 탐지에 활용하는 것이다. 그렇게 하면 그동안 지진 모니터링의 사각지대로 남아 있던 해역 지진과 지진해일에 대한 효과적인 탐지가 가능해진다.

원리는 비교적 간단하다. 지진이나 지진해일이 발생하면 해저면이 흔들리거나 바닷물의 흐름에 변화가 일어난다. 이러한 변화는 해저에 설치된 광케이블에 일시적인 뒤틀림을 초래한다. 그 결과 광케이블을 따라 전파되는 신호에 위상 차이가 발생하고, 최초 입력 신호와 다른 이 변형된 신호가 반대편에서 기록된다. 이렇게 발생한 신호 변형을 통해 지진이 발생했는지 여부를 확인할 수 있다. 이 원리는 광케이블이 심해저에 일정한 장력으로 안정적인 환경에서 유지되고 있다는 점을 활용한 것이다.

더 중요한 점은, 해저 광케이블이 지진을 탐지하는 센서 역할을 할 뿐 아니라 신호를 전달하는 수단으로도 사용된다는 사실이다. 즉, 별도의 신호 전달 체계를 구축할 필요가 없다. 1,000km 떨어진 지역까지 지진파가 지구 내부의 물질을 통과하며 직접 전달되는 데에는 약 120초가 소요되는데, 빛의 속도로 정보를 전달하는 해저 광케이블을 통해서는 0.001초만에 세계 어느 곳이든 지진 정보가 전달될 수 있다. 또한 해저 광케이블을 통해 오가는 별도의 신호를 분석하는 것이니, 이 케이블 통해 전달되는 여러 민감한 정보의 보안 문제에서도 자유롭다. 이렇게 해저 광케이블을 이용한 지진 탐지는 효율성과 신속성 면에서 기존 방법을 훨씬 능가한다.

이런 기술은 단순히 기술적인 발전을 넘어서, 기업 자원을 공공의 이익을 위해 적극적으로 활용하는 사례로서 주목할 만하다. 대양을 가로지르는 지진계는 여전히 요원한 상황이지만, 기업이 사회적 기여를 실천하는 좋은 예라고 하겠다.

지구 내부 구조를 정확하고 세밀하게 영상화하려면 지진파를 수집하는 작업이 필수적인데, 지구 표면의 71퍼센트를 차지하는 바다는 조밀한 지진계 설치와 자료 수집에 큰 장애물이 된다. 게다가 해저 지진계로 커버할 수 있는 해양 지역도 여전히 제한적이다.

이에 따라 최근에는 대양을 자유롭게 떠다니며 지진파를 기록하는 이동식 관측 시스템도 개발 및 활용되고 있다. 이 시스템은 'MERMAID'라는 수중청음기를 대양에 띄워 해류에 따라 자유롭게 이동시키며, 해저 지반에서 바닷물로 전파된 지진파를 기록하는 방식이다. 평상시에는 해수면 아래 3,000m까지 잠수해 지진파를 기록하고, 해류에 따라 이동하거나 데이터를 전송할 때는 수면 위로 떠오른다. 기록된 정보는 위성을 통해 전달되며, GPS를 통해 지진파 발생 위치와 시간도 함께 기록된다. 이 프로젝트를 위해 별도로 장기간의 운용에도 내구성이 뛰어난 새로운 수중청음기, 재생에너지를 활용해 6년 사용이 가능한 배터리 시스템이 개발되었다. 한편 지하수위의 변화도 지진파형 수집에 활용될 수 있다. 지진파가 지하수를 통과할 때 지하수위가 땅의 흔들림에 따라 변화하고, 이러한 변화는 지하수위 측정을 통해 지진파형에 고스란히 나타난다. 이렇게 수집된 자료는 그동안 명확히 밝혀지지 않았던 지구 내부 구조를 보다 뚜렷하게 드러낼 것으로 기대된다.

그렇다면 이제는 이러한 지진계에 기록되는 파동, 즉 지진파에 대해 알아볼 차례다.

지구 내부를 엿보는 소리, 지진파

보이지 않는 파동: 지진파의 비밀을 풀다

2001년 9월 11일, 뉴욕 세계무역센터와 워싱턴 국방부 건물에 대한 동시 다발적인 항공기 테러가 발생한 이후, 미국의 공항에서는 보안 검색을 강화하기 위해 엑스선을 활용한 전신 스캐너가 설치되었다. 이 스캐너는 승객이 옷 속에 숨겼을지 모를 위험물을 탐지하기 위해 도입된 장비였지만, 스캐너에서 투영된 영상에 사람의 몸 윤곽이 그대로 드러나는 사실이 알려지면서 개인의 사생활 침해 논란이 일었다. 논란은 인체 윤곽을 단순화된 형태로 표시하는 신형 스캐너로 교체하면서 일단락되었는데, 이처럼 정밀한 영상화 기술은 보안뿐 아니라

의료 분야에서도 널리 활용되고 있다. 대표적인 예로 컴퓨터 단층촬영CT이 있다. CT는 엑스선을 이용해 원통형 관에 누운 환자의 장기 상태와 모양을 상세히 영상화할 수 있는 기술이다. 이 검사를 통해 의사는 장기 질환이나 뇌출혈 등 다양한 질병을 진단하고 치료할 수 있다.

이와 유사한 방식으로, 지구 내부를 연구하는 분야에서도 정밀한 영상화 기법이 활용되고 있다. 바로 지진파 단층촬영이다. 지진파 단층촬영은 CT에서 엑스선을 사용하는 것처럼, 지진파를 활용해 지구의 내부 구조를 영상화하는 기법이다. 지진파는 지구 내부의 물질을 통과하면서, 그 물질의 특성에 따라 속도와 파형이 달라지게 된다. 이 원리를 바탕으로 한 지진파 단층촬영을 통해 지구 내부 구조와 운동을 정확하게 파악할 수 있게 되면서, 지구 내부 연구에 새로운 장이 열렸다.

그동안 인류는 지구 내부를 이해하기 위해 여러 방법을 사용해왔다. 인간이 실제로 지구 내부로 들어간 깊이는 굴착을 통해 약 4km, 시추를 통해서도 10여 킬로미터에 불과하다. 약 6,400km에 달하는 지구 반지름을 감안할 때, 인간이 직접 확인한 깊이는 극히 일부에 지나지 않는다. 따라서 지구 내부를 확인하기 위해서는 다양한 간접적인 방법이 필요한데, 그 중 지진파가 가장 보편적으로 사용된다.

지진파는 크게 실체파와 표면파로 나눌 수 있다. 실체파는

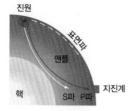
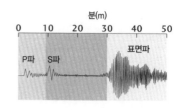

▲ 지진파 전파와 지진파 구성. 지진이 발생하면 지구 내부를 통과하는 실체파(P파, S파)와 표면파가 만들어진다. 지진파는 P파, S파, 표면파 순서로 도착한다. 지진으로부터 가까운 거리에서는 실체파가 강하게 발생하고, 지진 피해는 진폭이 큰 S파에 의해 주로 발생한다.

지구 내부를 관통하는 P파와 S파로 구성된다. 표면파는 지각의 표면을 따라 전달되는 지진파를 말한다. 이와 별도로 바닷속 해양 표면을 따라 이동하는 지진파를 T파라고 한다. 해수의 저속층(소파 채널)을 타고 전파된 T파의 에너지는 지구 내부를 통한 에너지보다 느리게 전파된다. 실체파인 P파와 S파는 진동의 방향에서 차이가 있다. P파는 파가 진행하는 방향으로 진동하는데 반해, S파는 파가 진행하는 방향의 직각 방향으로 진동한다.

실체파의 진폭은 거리와 반비례하여 감소하는 반면, 표면파의 진폭은 거리의 제곱근에 반비례하여 감소한다. 이로 인해, 먼 거리에서는 표면파가 실체파보다 더 큰 진폭을 보인다. 그러나 표면파가 충분히 발달하려면 긴 거리에서의 전파가 필요하다. 따라서 가까운 거리에서는 표면파가 충분히 발달하지

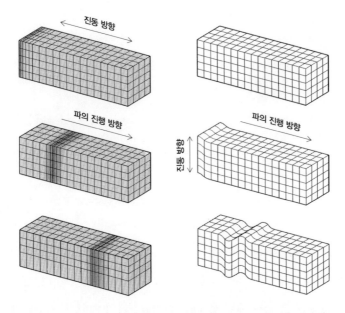

▲ 실체파의 전파. P파는 파의 진행 방향과 평행하게 진동하고, P파가 통과하는 동안 매질의 체적 변화를 일으킨다(좌). S파는 진행 방향과 진동 방향이 서로 수직을 이룬다. S파가 전파되는 동안 매질 내에서 체적 변화는 없고, 전단 변형이 발생한다(우).

않아 표면파의 진폭이 상대적으로 작다. 가까운 거리에서는 실체파만 주로 관측되기도 한다. 건축물은 진폭이 큰 지진파에 더 큰 영향을 받는데, 실체파 중에서는 S파가 P파보다 더 큰 진폭을 보인다. 건축물의 지진 피해가 주로 S파에 의해 발생하는 이유다. S파는 전단응력에 반응하는 고체에서만 전달되기 때문에, 액체나 기체에서는 관측되지 않는다. 따라서

S파의 유무를 통해 지구 내부의 매질 상태를 파악할 수 있다.

지진파로 단층 운동에 대한 정보도 알 수 있다. 지진파는 지구 내부를 통해 전파되며, 일부는 지구 표면을 따라 퍼져나가므로 단층의 움직임과, 지진파가 전파된 지구 내부 구조의 영향을 반영한다. 따라서 기록된 지진파를 분석하면 단층 운동을 확인할 수 있을 뿐만 아니라 지구 내부 구조에 대한 정보도 얻을 수 있다. 이러한 특성 덕분에 지진파를 보면 지구 내부나 먼 해역에서 발생한 지진을 일으킨 단층의 종류와 운동 형태를 알 수 있는 것이다.

지진파 분석을 통해 진원의 특성도 알 수 있다. 예를 들어 지진이 자연지진인지, 아니면 발파와 같은 인공지진인지를 구분할 수 있다. 자연지진은 주로 단층 운동에 의해 발생하는데, 단층 운동은 두 개의 지각 블록이 단층면을 기준으로 전단 운동을 하면서 일어나는 현상이다. 이는 두 개의 힘이 서로 다른 방향으로 작용하는 힘의 조합으로 표현할 수 있다. 이 단층 운동에서 발생한 지진파는 단층의 자세와 지진파의 방향 등에 따라 파형과 진폭에 차이를 보인다. 따라서 다양한 방위각에 위치한 관측소에서의 데이터를 분석하면 단층의 방향과 운동을 파악할 수 있다.

반면, 발파에 의한 인공지진은 모든 방향으로 같은 파형을 보이며, 거리에 따라 진폭이 일정하게 감소한다. 발파에 의한 지진에서는 S파가 거의 발생하지 않지만, P파가 매질 내에서 전파되는 과정에서 반사와 투과를 거쳐 S파가 형성되기도 한다. 지구 내부의 경계는 지진파가 경계면에서 반사되거나, P파가 S파로, S파가 P파로 변환되는 위상 전환 현상을 통해 확인할 수 있다.

유체역학에서 사용되던 수치 모사 방법이 지진학과 결합되면서, 이제는 전 지구적인 지진파 전파를 정확하게 모델링할 수 있게 되었다. 이러한 기술 발전은 지진학적 연구 기법이 다양한 분야에서 활용되는 기반이 되었다. 예를 들어, 지진파(탄성파)는 서로 다른 성질을 가진 지층을 만날 때마다 굴절과 반사를 반복하게 된다. 이 특성을 활용하면, 관찰된 지진파형을 분석하여 지구 내부의 구조를 수치로 계산할 수 있다. 이 방식은 석유 자원 탐사, 광물 자원 탐사, 지하 공동空洞 탐지 등 다양한 분야에서 응용되고 있다.

지진파로 얻어진 정보는 다른 방법을 통해 검증할 수 있다. 예를 들어, 초대형 지진의 발생 메커니즘과 그 환경을 연구하는 실험이 가능해졌다. 암석 고압 마찰 실험을 통해 응력과 마찰 간의 관계, 단층의 파열과 미끄러짐 등의 복잡한 상호작용을 실험적으로 이해할 수 있게 된 것이다. 직접적인 관측 방법도 있다. 일본 해양연구소는 난카이 해구 지역에서 직접 시추를 시도하고 있으며, 이를 통해 초대형 지진이 발생하는 판 경계의 물질 상태와 응력 분포 등의 정보를 수집하고 있다. 뿐만 아니라, 우리나라를 포함해 미국, 일본, 중국 등 23개국이 참여하는 해양 지각 시추 탐사도 활발히 진행 중이다. 미국과 일본에서는 활성단층에 대한 시추 작업을 통해 단층면의 상태를 직접 모니터링하고 있기도 하다. 그러나 인간이 직접 도달할 수 있는 깊이에는 한계가 있기 때문에, 이러한 직접적인 관측과 자료 수집은 여전히 제약을 받을 수밖에 없다.

지진파 분석과 실험, 탐사로 얻은 정보들을 통해 지구를 이해하는 일은 퍼즐을 맞추는 과정과 같다. 하나의 퍼즐 조각으로 전체 그림을 이해하기는 어렵지만, 각기 다른 퍼즐 조각들을 맞추어가며 결국 전체적인 그림과 실체를 파악할 수 있게 된다. 때로는 비슷한 조각을 반복적으로 맞추는 것처럼 보일 수도 있지만, 이는 다양한 각도에서 투영된 그림자들을 모아가며 점차 실체를 이해해가는 과정의 일환이다. 지구를 이해하는 일도 마찬가지로 다양한 관측과 연구 결과를 종합하여 점진적으로 이루어지는 과정이다.

잡음 속 진실: 지진파의 미세한 신호들

태풍이라고 하면 대개 사람들은 2003년 매미, 2010년 곤파스,

2012년 볼라벤, 2022년 힌남노 등 인간에게 큰 피해를 끼친 자연현상을 먼저 떠올리는데, 태풍에 영향을 받는 것은 비단 인간사회만이 아니다. 강한 바람이나 태풍은 바다에 높은 파도를 일으켜 폭풍해일을 발생시키고, 이로 인한 압력이 고체 지구를 진동시키게 된다. 이 진동은 지각을 통해 전파되어 육지에 설치된 지진계에 잡음으로 기록된다. 태풍이 다가올수록 이 진동은 점차 강해지며, 태풍의 크기에 비례해 더 커진다. 이러한 진동은 사람들이 직접 느끼기 어려운 0.2Hz 이하의 저주파 대역 지진파 잡음을 만들어낸다. 이 외에도 해수의 운동이나 대기 운동 등 다양한 자연현상이 지표면에 작은 진동을 일으켜 지진계에 미세한 신호로 기록될 수 있다. 이처럼 P파와 S파로 명확히 구분되지 않는 지진파 잡음을 통해 다양한 자연현상에 대한 모니터링도 가능하다.

지진파 잡음은 자연현상뿐만 아니라 인간 활동에 의해서도 발생한다. 교통량 증가, 공장 가동, 기상 변화, 조석 운동, 해양 운동 등 다양한 요인으로 인해 생길 수 있는데, 특히 1Hz 이상 30Hz 이하의 주파수 대역에서 발생하는 지진동은 주로 인간의 활동과 관련이 있다. 이 주파수 대역의 진동은 인간 활동 주기와 밀접하게 연관되는데, 새벽 4시 이후 지진동 수준이 점차 증가하여 오전 9시쯤 최고치를 기록하고, 오후 4시 전후로 다시 감소하여 새벽 3시쯤 가장 낮은 수준을 보인다. 심지어 주말이나 휴일에는 평일의 절반 수준으로 지진동이 크게 감소하고, 점심시간인 12시에는 지진동이 일시적으로 줄어드는 경향도 있다. 이는 인간의 생활 패턴에 맞춰 지진동의 크기가 달라질 수 있음을 시사한다.

흥미로운 점은 교통량이 많은 퇴근 시간의 지진동이 오히려 한낮의 지진동보다 낮은 수준을 보인다는 것이다. 교통량 외에도 공장, 시설물, 생활 공간 등에서 발생하는 다양한 진동이 복합적으로 영향을 미치기 때문이다. 산업혁명 이후 급격히 증가한 산업 시설과 교통량은 지구에 지속적으로 피로를 주고 있다. 도시 주변에서 야생동물들이 사라지는 이유 역시 단순히 서식지 부족뿐만 아니라, 인간이 만드는 여러 유해 요소들이 자연환경을 견딜 수 없는 상태로 만들고 있기 때문이다. 현재 전 세계 인구는 81억 명에 이르는데, 다시 말하면 인간이 지구 곳곳에 거주하며 끊임없이 지구를 괴롭히고 있는 셈이다. 바야흐로 '인류세'라고 할 만하다.

한편 2Hz 이상의 고주파 지진파 잡음은 인간 활동의 정도를 파악하는 데 활용될 수 있다. 교통량과 공장 가동률 등 인간 활동이 많아질수록 지진파 잡음의 강도도 증가하기 때문이다. 이에 착안해 나는 2020년 학생들과 함께 지진파 잡음 강도와 지역 경제 활동(예를 들어 GDP) 간에 비례 관계가 있다는 연구 결과를 발표하기도 했다. 이처럼 지진파 잡음은 단

순한 잡음이 아니며, 적절한 분석을 통해 다양한 정보로 활용
될 수 있다.

과거에는 지진파 잡음이 지진파 분석에서 방해 요소로 간주
되어 제거되었으나, 최근에는 지진파 잡음을 정교하게 분석하
여 유용한 정보를 추출할 수 있는 방법들이 개발되었다. 그중
하나가 지진파 잡음을 이용한 단층촬영 기술이다. 지진파 잡
음 속에서 특정 경로를 따라 전파되는 파를 추출하고, 그 속도
를 측정하여 지구 내부 속도 구조를 계산하는 방법이다. 이런
접근법은 기존의 지진파를 기반으로 한 연구 방법을 확장시
키는 계기가 되었으며, 특히 지진이 발생하지 않거나 지진 기
록이 부족한 지역에서도 효과적으로 적용할 수 있는 획기적
인 방법으로 주목받고 있다.

지진파 잡음의 활용이 증가하면서 연속파형 자료의 중요성
이 다시 한번 부각되고 있다. 과거에는 연속파형 전체가 아닌
특정 지진에 관한 파형 자료만을 선택적으로 저장하는 경우
가 많았다. 또한, 디지털 저장 공간의 한계와 자료 활용의 편
리함을 이유로 자료 기록 주기가 낮은 자료만을 저장하는 경
우도 있었다.

그러나 이렇게 자료를 선택적으로 저장하면, 작은 지진에
관한 파형 자료나 지진이 아닌 자연현상에 의한 지진동 기록
이 사라져버리게 된다. 특히, 자료를 저장하는 사람이 임의로

지진파형을 잘라 저장하면서 파형 기록의 뒤쪽에 나타나는 표면파, 산란파, 그리고 지구 내부를 통과한 다양한 심부 지진파의 기록이 종종 누락되곤 했다. 기록자의 주관적 선택에 따라 아직 밝혀지지 않은 다양한 현상이 담긴 귀중한 자료들이 사라지는 것은 큰 손실이다.

이러한 점에서 지진파 잡음의 활용은 자료 보관의 중요성을 다시 한번 환기시키는 계기가 되고 있다. 현재는 우리나라도 지진관측소 운영기관들이 지진파형 자료를 원자료 그대로 모두 저장하고 있는데, 이는 향후 필요한 모든 정보를 확보하기 위한 필수적인 작업이다. 기록되지 않은 자료는 과거의 시간을 잃어버린 것과 같아서, 그 자료를 다시 얻기 위해서는 그만큼의 시간이 더 걸릴 수밖에 없다.

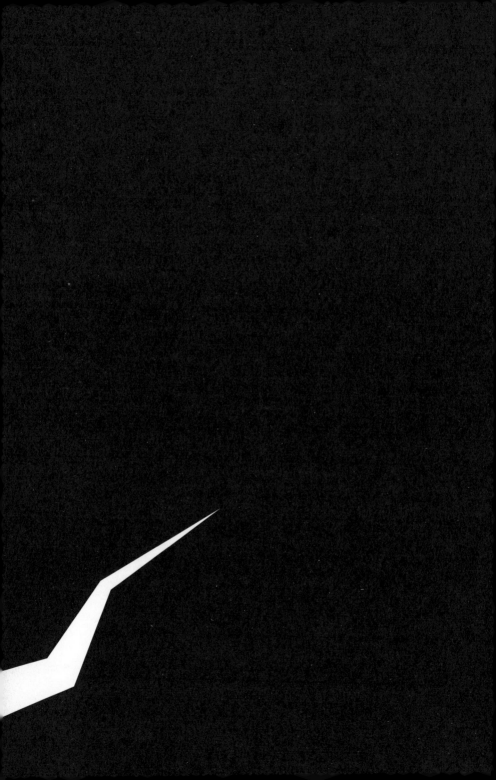

3장

지진은 어떻게 재난이 되는가

땅의 흔들림이
초래하는 재앙

지진은 단 몇 분 사이에 수많은 사람들의 생명을 앗아가고 거대한 경제적, 사회적, 그리고 정신적 피해를 초래할 수 있는 자연재해이다. 강진 한 번으로 도시 전체가 무너지고, 구조와 복구 작업에 수십 년이 걸리기도 하며, 그 여파는 오랫동안 지속될 수 있다. 지진이 일으키는 피해는 단순히 지진의 규모만이 아닌, 여러 복합적인 요소들로 결정된다. 여기서는 지진 피해를 일으키는 다양한 요인들을 살펴보며, 우리가 어떻게 이에 대비할 수 있을지에 대해 알아보겠다.

지진 재해의 크기는 일반적으로 진도로 표현한다. 지진 규모와 진도는 다른데, 규모는 지진이 발생할 때 방출된 에너지의 양을 나타내는 절대적인 척도인 반면, 진도는 어떤 장소에

서 사람이 느끼는 흔들림의 크기를 나타내는 상대적인 척도
이다. 최초로 진도를 10단계의 정량적 수치로 제안한 사람은
이탈리아의 지진학자 주세페 메르칼리이다. 이후 여러 지진
학자들의 개정을 거쳐 현재 널리 사용되는 수정 메르칼리 진
도 등급으로 발전했다.

● 수정 메르칼리 진도 등급(MMI)

등급	진도 등급별 현상	최대지반가속도(PGA) (1g=9.8m/s²)
I	대부분 사람들은 느낄 수 없으나, 지진계에는 기록된다.	$PGA < 0.0007g$
II	조용한 상태나 건물 위층에 있는 소수의 사람만 느낀다.	$0.0007g \leq PGA < 0.0023g$
III	실내, 특히 건물 위층에 있는 사람이 현저하게 느끼며, 정지하고 있는 차가 약간 흔들린다.	$0.0023g \leq PGA < 0.0076g$
IV	실내에서 많은 사람이 느끼고, 밤에는 잠에서 깨기도 하며, 그릇과 창문 등이 흔들린다.	$0.0076g \leq PGA < 0.0256g$
V	거의 모든 사람이 진동을 느끼고, 그릇, 창문 등이 깨지기도 하며, 불안정한 물체는 넘어진다.	$0.0256g \leq PGA < 0.0686g$
VI	모든 사람이 느끼고, 일부 무거운 가구가 움직이며, 벽의 석회가 떨어지기도 한다.	$0.0686g \leq PGA < 0.1473g$
VII	일반 건물에 약간의 피해가 발생하며, 부실한 건물에는 상당한 피해가 발생한다.	$0.1473g \leq PGA < 0.3166g$
VIII	일반 건물에 부분적 붕괴 등 상당한 피해가 발생하며, 부실한 건물에는 심각한 피해가 발생한다.	$0.3166g \leq PGA < 0.6801g$

IX	잘 설계된 건물에도 상당한 피해가 발생하며, 일반 건축물에는 붕괴 등 큰 피해가 발생한다.	0.6801g ≤ PGA < 1.4614g
X	대부분의 석조 및 골조 건물이 파괴되고, 기차 선로가 휘어진다.	1.4614g ≤ PGA < 3.14g
XI	남아 있는 구조물이 거의 없으며, 다리가 무너지고, 기차 선로가 심각하게 휘어진다.	PGA ≥ 3.14g

　지진이 일으키는 피해의 크기와 범위는 여러 요인에 따라 달라진다. 첫 번째로 중요한 요소는 지진의 규모다. 지진 규모는 지진이 방출하는 에너지의 양을 측정한 값으로, 규모가 클수록 피해도 크다. 2004년 인도양에서 발생한 규모 9.1의 수마트라섬 지진은 28만 명의 생명을 앗아갔고, 2008년 중국 쓰촨성의 규모 7.9 지진에는 8만 7,000여 명이 희생되었다. 그러나 지진의 피해를 결정짓는 것은 규모만이 아니다.

　지진의 발생 깊이 또한 피해에 중요한 영향을 미친다. 지진은 진원지에서 발생하는 에너지가 지표면에 도달하기까지의 거리가 짧을수록 더 강력하게 느껴진다. 예를 들어, 같은 규모의 지진이라도 진원 깊이가 얕으면 그 영향은 더 크게 나타날 수 있다. 2016년 경주 지진과 2017년 포항 지진은 모두 규모 5대의 지진이었지만, 포항 지진은 진원 깊이가 더 얕고, 인구 밀도가 높은 지역에서 발생해 더 피해가 컸다. 이는 지진 발생 깊이와 도시의 밀집도가 피해 정도에 영향을 주는 중요한 요인임을 보여준다.

지진 재해는 지진동의 크기와도 밀접한 연관이 있다. 지진 규모가 클수록 지진파의 진폭이 커지고, 거리가 멀어질수록 진폭은 감소한다. 또한 진원 깊이가 깊을수록 지표에서 관측되는 지진파 진폭은 작아진다. 지진파의 진폭은 매질의 특성에 의해서도 영향을 받는다. 예를 들어, 매질의 전단탄성계수가 낮을수록 진폭이 커진다. 전단탄성계수란 전단응력에 의해 매질이 얼마나 변형되는지를 나타내는 값으로, 이는 지진파 속도에도 영향을 준다. 전단탄성계수가 높을수록 지진파 속도는 빨라지고, 낮을수록 느려진다.

지진파 속도가 빠르면 에너지가 넓은 지역으로 퍼지지만, 속도가 느릴 경우 좁은 지역에 집중적으로 분포한다. 전단탄성계수는 퇴적층에서 낮은 값을 보이는 반면, 단단한 암반에서는 높은 값을 보인다. 특히, 분지 구조에서는 지진파가 증폭되면서 피해가 집중되는 현상이 나타난다. 이처럼 지진 피해는 단순히 지진의 규모뿐만 아니라, 해당 지역의 지질 특성에도 크게 좌우된다.

지진 피해를 악화시키는 요인 중 하나는 액상화 현상이다. 액상화란 지반 내 공극에 포화된 물이 지진 진동으로 인해 순간적으로 배출되며 매질이 진흙처럼 변하는 현상을 말한다. 이 과정에서 매질의 전단강도가 급격히 감소하고, 지반의 강

도 역시 약화된다. 그 결과 건물이 기울거나 전도되는 피해가
발생할 수 있다. 실제로 2017년 포항 지진 당시, 진앙 근처 지
역에서 액상화 현상이 관측된 바 있다.

지진은 다른 자연재해와 결합될 때 그 피해가 더욱 심각해
질 수 있다. '쓰나미'라고도 하는 지진해일은 지진이 해저에서
발생할 때, 해저 지반이 크게 흔들리면서 바닷물이 이동하며
발생하는 대형 해일이다. 해저 지형에 따라 이동 속도가 달라
지며, 특히 해안가 근처에서는 파고가 크게 증가할 수 있다.
2004년 인도양 수마트라섬 지진에서는 최대 30m의 해일이
발생해, 해안 지역에 큰 피해를 일으켰다. 또 2018년 일본 삿
포로에서 발생한 규모 6.7의 지진은 이미 태풍으로 약해진 지
반에서 발생해, 대규모 정전 및 공항 폐쇄 등을 초래하며 사회
적 혼란을 가중시켰다. 이렇게 다중 재해가 겹치는 경우에는
피해를 최소화하기 위한 대응이 더욱 중요해진다.

지진 피해는 지진 발생 위치와 인구 밀도에 따라서도 크게
달라진다. 일반적으로 대형 지진들은 해양에서 발생하지만,
규모가 작은 지진들은 도시 근처에서 발생할 가능성이 크다.
규모 7 내외의 지진은 대개 내륙에서 발생하며, 진원 깊이가
얕기 때문에 도시 근처에서 발생할 경우 그 피해는 기하급수
적으로 커진다. 예를 들어, 1976년 중국 탕산 지진은 규모
7.5였지만, 도시 근처에서 발생하여 약 25만 명 이상의 사망

자를 낳았다. 규모가 작더라도, 도시 밀집 지역에서 발생한 지진은 그 피해가 매우 크고 빠르게 확산될 수 있다.

한반도는 지진 활동이 상대적으로 적지만, 2016년 경주 지진과 2017년 포항 지진 등 중소형 지진들이 발생하면서 지진에 대한 우려가 커지고 있다. 특히 한반도에는 인구 밀도가 높은 대도시들이 있어, 지진 발생 시 피해가 커질 가능성이 크다. 한반도에서 발생할 수 있는 지진의 최대 규모는 약 7로 예상되며, 진원 깊이는 대개 10km 내외로, 이는 지진파가 빠르게 확산될 수 있는 조건이다.

지진 재해와 관련해 자주 듣는 질문 중 하나가 작은 지진이 많이 발생하면 단층면의 응력이 해소되어 지진 위험이 줄어들지 않느냐는 질문이다. 일반적으로 지진이 발생하면 해당 단층면의 응력이 감소하는 것은 사실이나 작은 지진들이 해소하는 응력량은 매우 적다. 예를 들어, 규모 2.0 지진 1,000번의 에너지는 규모 4.0 지진 한 번의 에너지와 같다. 즉, 규모 4.0 지진이 발생할 수 있는 응력량을 해소하려면 규모 2.0 지진이 1,000번 발생해야 한다. 작은 지진이 해소하는 응력량은 이렇게 미미하지만, 단층면을 약화시키는 데는 중요한 역할을 한다. 작은 지진들이 단층면 여기저기를 조금씩 파괴하며, 결과적으로 큰 지진이 발생하기 쉬운 약한 단층면을 만들어낸다. 약해진 단층면 한 곳에서 지진이 발생하면, 단층면 전체가 연쇄적으로 부서지며 대규모 지진으로 이어질 수 있다. 따라서 작은 지진이 많아지는 상황에서는 오히려 더 큰 주의가 필요하다. 지진학적으로 작은 지진의 빈도가 높아지면 대규모 지진이 발생할 가능성 또한 높아지기 때문이다. 실제로 2025년 1월 말, 그리스 산토리니섬 인근에서 약 보름 사이에 수천 건의 지진이 발생하자 주민의 4분의 3 이상이 섬을 떠나고 비상사태가 선포되기도 했다.

지진은 예측이 어렵고 막을 수 없는 자연재해이지만, 그 피해를 최소화하는 방법은 존재한다. 우선, 지진 경고 시스템을 구축하여 지진 발생 직후 빠르게 경고를 발령할 수 있어야 한다. 일본과 같은 국가들은 이미 지진해일 경보 시스템을 운영하고 있으며, 이러한 시스템을 통해 실시간 모니터링과 경고가 이루어지고 있다.

지진 피해를
줄이는 방법들

안전의 나침반: 지진위험지도 읽기

지진은 언제, 어디서, 얼마나 강하게 발생할지 정확히 예측하기 어려운 자연재해다. 피해를 최소화하려면 지진의 동향을 사전에 파악하고 대비책을 마련하는 것이 중요하다. 이때 활용할 수 있는 것이 바로 지진위험지도다. 우리나라는 지진화산재해대책법에 따라 행정안전부 주관으로 5년 주기로 국가지진위험지도를 제작하고 있다. 지진위험지도는 예상되는 지진의 크기와 그로 인한 피해를 평가하는 데 활용되는데, 단순히 지진 규모를 보여주는 것이 아니라 지진동의 강도와 지역별 특성을 바탕으로 구체적인 피해를 예측한다. 지진위험지도를 작성하려면 지진과 관련된 여러 요인을 종합적으로 이해해야 한다.

먼저, 지진의 규모는 지진에서 방출된 에너지의 양을 측정해 산출한다. 규모가 클수록 강한 지진동이 발생하며 피해 가능성도 커진다. 하지만 앞서 살펴보았듯 피해는 지진의 규모만으로 결정되지 않는다. 같은 규모의 지진이라도 인구 밀도, 도시화 수준, 건물의 내진 성능 등에 따라 피해 정도는 크게 달라진다. 예를 들어 2011년 규모 9.0의 동일본 대지진은 2010년 규모 7.0의 아이티 대지진에 비해 방출된 에너지가 $32 \times 32 = 1024$배나 컸지만, 사망자는 아이티에서 훨씬 더 많았다. 일본의 철저한 내진 설계와 대비책이 피해를 줄이는 데 결정적인 역할을 했기 때문이다.

국내 사례에서도 비슷한 교훈을 얻을 수 있다. 2016년 경주 지진(규모 5.8)보다 2017년 포항 지진(규모 5.4)의 피해가 더 컸다. 이는 포항이 경주보다 인구 밀도가 높고, 지진파가 증폭되는 지층에서 지진이 발생했기 때문이다. 이런 사례들은 지진위험지도를 작성할 때 지진 규모뿐 아니라 지역의 지질 특성과 인구 밀도, 건축물 특성 등을 종합적으로 고려해야 한다는 사실을 보여준다.

우리나라에서 지진위험지도를 작성하기 위해서는 먼저 한반도의 지진 발생 특성과 분포를 고려하여 지진 지체구조구

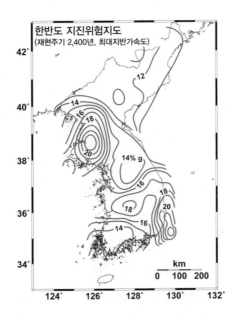

한반도 지진위험지도
(재현주기 2,400년, 최대지반가속도)

▲ 한반도 지진위험지도(재현주기 2,400년, 최대지반가속도). 지도 내 숫자는 2,400년 동안 예상되는 한반도 최대 땅흔들림 강도를 중력가속도(1g=9.8m/s²)에 대비한 백분율로 표시한 것이다. 한반도에서는 평양 인근 지역과 포항, 경주 등 동해안 일대, 속리산 일대에서 높은 지진 위험도를 보인다.

를 설정해야 한다. 지진 지체구조구는 특정 지역에서 발생할 수 있는 지진들의 특성이 유사한 지역 단위로, 이들 각각의 구역에 대해 지진 발생 특성을 분석하게 된다. 이를 바탕으로 각 구역별 지진 발생 빈도와 최대 지진 규모를 예측하고, 최대 지진동의 크기를 계산한다. 또한, 구텐베르크-릭터 법칙을 이용해 지진 발생 빈도를 분석하고, 지진동 감쇠 특성을 반영하여 각 지역에서 발생할 수 있는 최대 지진동을 예측한다. 이렇게 계산된 결과를 바탕으로 지진위험지도를 작성하면, 지역별로 예상되는 지진 동향과 피해를 파악할 수 있다.

우리나라의 지진위험지도를 보면 평안남도 평양, 경상북도 포항, 속리산 일대가 상대적으로 지진 위험도가 높은 지역으로 나타난다. 이러한 지역들은 지속적인 모니터링과 대비가 필요하다. 지진위험지도는 단순히 예상되는 지진의 크기와 피해를 시각화하는 데 그치지 않고, 재난 대응 전략과 건축 기준 마련 같은 실질적인 대비책 수립에도 핵심 자료로 활용된다.

지진은 막을 수 없지만 피해는 줄일 수 있다. 지진위험지도는 그 첫걸음이다. 이를 통해 각 지역의 특성에 맞는 대비책을 마련하고, 지진으로 인한 피해를 최소화하는 노력을 이어가야 겠다.

재해를 줄이는 열쇠: 예방과 대응의 전략

이미 여러 차례 언급했듯 동일한 규모의 지진이라도 발생 지역의 지질 특성, 인구 밀도, 건축물의 내진 성능에 따라 피해 정도는 크게 달라진다. 2004년 규모 9.1의 인도양 수마트라섬 인근 지진은 28만 명, 2008년 규모 7.9의 중국 쓰촨성 지진은

8만 7,000명, 2010년 규모 7.0의 아이티 지진은 31만 명의 목숨을 앗아갔다. 이는 피해가 지진의 규모만으로 좌우되는 것은 아니라는 점을 보여준다. 우리나라도 2016년 경주 지진과 2017년 포항 지진을 겪으며 지진의 위험성을 절감하고 있다. 특히, 퇴적층이 발달한 한강 유역과 같은 지역에서는 지진파가 증폭될 가능성이 높아 대도시의 고층 건물과 인구 밀집 지역에서 피해가 클 수 있다. 따라서 지진 방재와 대비책 마련이 필수적이다.

지진 피해를 줄이기 위한 핵심 대책으로 우선 활성단층에 대한 철저한 조사와 데이터 축적이 필요하다. 지진 발생 가능성을 평가하려면 활성단층의 위치와 과거 활동 이력을 파악해야 한다. 일본은 2011년 동일본 대지진 이후 도쿄 근처의 활성단층을 조사하여 내륙형 지진 발생 가능성을 경고한 바 있다. 그러나 단층이 땅속 깊이 감춰진 한국에서는 이를 정확히 조사하기가 쉽지 않다. 더불어 해양 단층에 대한 정보도 부족하다. 해안 지역에서 발생할 수 있는 지진은 주요 산업과 사회에 큰 영향을 미칠 수 있어, 이에 대한 연구와 대비가 시급하다. 지속적인 연구와 기술 발전을 통해 단층 지도를 정밀히 작성해야겠다.

다음으로 들 수 있는 대책은 지진 조기경보 시스템이다. 지진 조기경보 시스템은 빠른 지진파인 P파를 감지하여 피해를 일으키는 지진파인 S파 도달 전에 경고를 발령하는 시스템이다. 일본은 동일본 대지진에서 이 시스템을 효과적으로 활용했으며, 우리나라 역시 2016년 경주 지진 이후 시스템을 개선해 경보 발령 시간이 단축되어, 이듬해 포항 지진에서는 S파가 수도권에 도달하기 전에 지진경보가 발령되었다.

지진 재해를 줄이기 위해 내진 설계와 건축물의 안전 강화 역시 간과해서는 안 된다. 사회기반시설과 고층 건물에 대한 내진 성능을 높여야 하며, 각 건물의 중요도에 따라 안전 등급을 관리해야 한다. 또한, 지진파가 증폭되는 지역에 적합한 내진 보강도 필요하다. 지역별 지진 위험도를 정량적으로 평가하고, 내진 설계 기준과 투자 우선 순위를 설정하는 것도 중요하다. 예를 들어, 원자력발전소는 한반도에서 발생할 수 있는 최대 지진 규모에 맞게 내진 성능이 강화되어 있다. 일본의 동일본 대지진 이후 이러한 시설들은 지진동 0.3g(약 규모 7.0)의 지진에도 견딜 수 있도록 내진 성능이 강화되었다.

지진 대응 매뉴얼과 신속한 대처도 필수적이다. 정부는 지진 발생 시 지진조사위원회를 구성하여 즉각적인 현장 조사를 통해 피해 상황과 단층 분석을 하고 이를 국민과 공유해야 한다. 국민 불안을 줄이고 추가 지진 가능성에 대비하는 체계적인 관리가 필요하다.

지진은 예측할 수 없지만, 피해를 줄이는 것은 우리의 노력에 달려 있다. 정확한 데이터 분석, 체계적인 경보 시스템, 그리고 내진 설계 강화는 지진으로부터 사회를 보호할 강력한 도구다. 지금의 대비가 미래의 안전을 보장할 수 있음을 기억하고, 지속적인 연구와 정책적 지원이 이루어져야겠다.

지진 대처와 대비

지진이 발생했을 때 시민들이 신속하게 대처한다면 피해를 크게 줄일 수 있다. 지진경보가 발령되었다면, 재난이 눈앞에 닥쳤다는 뜻이다. 특히 규모 6~7 정도의 지진은 진원지에서 약 50km 이내 지역에 심각한 피해를 줄 수 있다. 30km 떨어진 곳에서는 지진 발생 후 5초 이내에 P파가 도달하고, 8초 내에 S파가 도착한다. 50km 떨어진 지역에서는 S파가 도달하기까지 약 13초가 소요된다. 이 짧은 시간 동안 최선을 다하는 것이 생존의 열쇠다.

지진이 일어났을 때 건물 내부에 있다면 현관문을 열어두어 출입구를 확보하고 가스밸브를 차단해 화재를 예방해야 한다. 이후에는 책상이나 식탁 아래로 몸을 숨겨 낙하물에 대비해야 한다. 엘리베이터를 사용 중이라면 즉시 가장 가까운 층에서 내려야 한다. 지진이 끝난 뒤에는 여진이 이어질 가능성이 높다. 손상된 건물은 작은 충격에도 붕괴될 수 있으니 즉시 빠져나가 안전한 장소로 이동해야 한다. 건물 흔들림이 멈춘 후에는 지정된 옥외대피소나 안전한 공터로 빠르게 이동한다. 지진 옥외대피소는 대부분 학교 운동장이나 공원 등으로, 주로 건물 낙하물로부터 안전한 공터로 지정된다. 해안 지역에는 지진해일 대피소가 마련되어 있으며, 고지대에 위치한 공공건축물과 공터가 사용된다. 대피소를 미리 확인해두는 것이 중요하며, 대피 시에는 반드시 계단을 이용해야 한다. 지진으로 엘리베이터가 고장날 수 있기 때문이다.

우리나라에서 발생한 주요 지진들, 예를 들어 2007년 오대산 지진, 2016년 경주 지진, 2017년 포항 지진은 모두 지하 단층 활동에서 비롯되었다. 그러나 앞서 언급한 것처럼 지표 아래에 숨겨진 활성단층을 찾아내는 일은 여전히 기술적으로 매우 어렵다. 따라서 단층 발달이 의심되는 지역에 대한 체계적 조사와 연구가 필수적인데 특히, 경주 지진의 원인이 된 양산단층대의 활성 여부를 정밀히 검토하고, 이를 기반으로 한반도의 지진 재해도를 새롭게 작성할 필요가 있다. 이 과정에서 얻어진 데이터는 원자력발전소를 비롯한 사회기반시설의 내진 성능을 재평가하는 데 중요한 자료가 될 것이다.

경주 지진은 한반도 지진 연구에 새로운 계기가 되었다. 지진 발생 당시 관측된 고주파수 지진파는 발생 지역에서 널리 강한 소리가 들렸다는 증언과 일치하며, 진원지와 가까운 지역에는 강한 영향을 미쳤다. 거리가 멀어질수록 진폭이 급격히 감소하는 고주파수 지진파는 내진 설계 기준을 개선하는 데 유용한 정보를 제공할 수 있다. 이를 통해 기존 건축물의 내진 성능을 재평가하고, 한반도 특성에 맞는 설계 기준을 마련해야 한다.

또한, 포항 지진과 경주 지진으로 인해 한반도 남동부 지역의 응력 환경이 크게 변화했다. 특히 경주와 포항 사이에서는 응력 변화가 두드러져 군발형 지진이 이후에도 계속해서 발생했다. 이러한 응력 변화는 수십 년간 축적된 활성단층의 응력을 방출하며 새로운 지진을 촉발할 가능성을 높인다. 특히, 해안 지역의 중요한 시설들은 지진해일과 해역 지진의 위험에 취약해 주의가 필요하다. 포항 지진 지역에서 나타난 액상화 현상과 땅밀림 현상은 내진 설계가 잘된 건물조차 기울어지거나 넘어질 위험에 노출될 수 있음을 보여준다.

다음에서는 내진 설계의 원리와 주요 기술에 대해 살펴보고, 이러한 기술들이 실제로 어떻게 적용되고 있는지, 그리고 향후 개선 방향은 무엇인지 살펴본다.

내진 설계: 피해를 최소화하는 기술

지진으로 건물이 무너지는 모습은 뉴스에서 가끔 접할 수 있는 충격적인 장면이다. 지진이 발생하면 단층에 가까운 지반이 크게 흔들리고, 그로 인해 발생하는 지진동은 건축물에 치명적인 영향을 미친다. 특히 단층의 움직임으로 지반에 영구적인 변형이 생기면 건물 구조가 심각하게 손상될 수 있다. 이러한 재해를 막기 위해 가장 중요한 대책이 바로 내진 설계다.

내진 설계는 건물이 지진에 견딜 수 있도록 구조를 강화하는 기술적 접근이다. 지진으로부터 안전을 확보하려면 지진의 주기, 발생 빈도, 그리고 건축물의 중요도를 기준으로 내진 성능을 설계해야 한다. 예를 들어, 원자력발전소와 같은 중요 시설물은 강력한 지진에도 안전을 보장해야 하므로 가장 높은 수준의 내진 성능을 요구한다.

우리나라의 원자력발전소는 최대 0.3g의 지반가속도를 견딜 수 있도록 설계되어 있다. 이는 2011년 동일본 대지진 이후 0.2g에서 상향된 수치다. 일본은 동일본 대지진 이후 원자력발전소의 내진 기준을 0.7~1.0g로 대폭 강화했으며, 이는 지진이 빈번히 일어나는 자국의 환경을 반영한 조치다.

지진동의 크기와 영향을 평가하려면 해당 지역의 지진학적 특성과 지진동의 재래주기를 고려해야 한다. 진원지에서 가까울수록 지진동의 강도가 크고, 지반 상태에 따라 진동은 더 증폭될 수 있다. 예컨대 2016년 경주 지진 당시 진앙으로부터 8.2km 떨어진 울산관측소에서 측정된 최대지반가속도는 0.44g에 달하기도 했다.

이러한 지역별 특성을 반영하기 위해, 우리나라는 1988년부터 6층 이상의 건축물에 내진 설계를 의무화했고, 현재는 2층 이상이거나 200m² 이상의 면적을 가진 건물, 높이 13m 이상인 건물 등에도 이를 적용하고 있다. 그러나 내진 설계가 의무화되기 이전에 지어진 건물들은 여전히 내진 성능이 부족한 경우가 많다. 예를 들어, 서울시 내 학교 건물 중 약 20퍼센트만이 내진 보강이 이루어진 것으로 파악되고 있다.

내진 설계는 건물의 강도를 높여 지진에 견디게 만드는 방법이지만, 최근에는 면진 설계가 도입되면서 지진 대응이 한 단계 진화했다. 면진 설계는 지진동의 에너지를 흡수하거나 건물과 지반 사이의 움직임을 분리함으로써 건물에 가해지는 영향을 최소화하는 방식이다. 이를 통해 고층 건물이나 병원과 같은 중요 시설은 더욱 안전한 구조를 갖출 수 있다. 또한, 지진 피해를 줄이기 위해서는 단층에 대한 정밀한 연구도 필수인데, 단층에서 멀어질수록 지진의 강도가 약해지는 경향이 있기 때문에 단층과 건축물의 위치 관계를 고려해 설계해야 한다.

1978년 이후 한반도에서는 규모 5.0 이상의 지진이 열 차례 발생했는데, 이 중 2011년 동일본 대지진 이후 발생한 것만 다섯 차례. 동일본 대지진이 한반도의 지진 발생 빈도를 높이고, 발생 시기를 앞당긴 것이다. 이에 따라 과거에 발생했던 큰 지진의 발생 시기도 앞당겨질 수 있어, 역사적 기록에 남아 있는 큰 지진에 대한 관심도 높아졌다. 역사적 기록에 따르면 수도권, 중부지역, 동해안, 서해안에서도 규모 5.3~6.2의 강진이 여러 차례 일어났는데, 인구 밀집 지역에서 이런 지진이 다시 일어난다면 심각한 재해로 이어질 가능성이 있다. 따라서 내진 성능 강화는 점점 더 중요해지고 있다 하겠다.

내진 설계와 면진 설계는 지진에 대한 건축물의 방어력을 강화하는 두 가지 핵심 접근법이다. 여기에 활성단층 연구를 바탕으로 한 설계 기준 강화와 지역별 맞춤 대응이 더해진다면, 더 안전한 건축 환경을 만들 수 있을 것이다.

지진은 불시에 찾아오는 재난처럼 보이지만, 실제로는 다양한 신호를 통해 그 가능성을 예고하기도 한다. 예를 들어, 지진 전조현상으로 알려진 지반의 미세한 변화, 지하수 수위의 변동, 그리고 특정 지역에서 발생하는 이상한 동물 행동 등이 그런 신호가 될 수 있다. 이와 같은 현상은 지진 발생 가능성을 사전에 감지할 수 있는 중요한 단서를 제공하지만, 이러한 신호를 체계적으로 분석하고 활용하는 데는 여전히 많은 도전 과제가 남아 있다.

최근 과학 기술의 발달로 지진 예보와 경보 시스템 또한 크게 발전했다. 지진파의 빠른 전파 속성을 활용한 조기경보 시스템은 지진의 발생을 실시간으로 감지하여 피해를 최소화하는 데 중요한 역할을 한다. 특히, 초단기 경보를 통해 철도 운행을 중단하거나 원자력 시설을 긴급 정지시키는 등 선제적 대응이 가능해지고 있다.

다음에서는 이러한 지진의 신호와 예보 기술에 대해 더 알아보고, 전조현상부터 조기경보 시스템까지 다양한 접근법이 어떻게 지진 대비에 기여하고 있는지 살펴보자.

지진을 미리
알 수 있을까?

지진 전조현상: 실체와 한계

2021년 1월 31일 일본 시마네현 앞바다에서는 길이 4.1m, 무게 170kg에 달하는 대왕오징어가 잡혔으며, 이보다 앞선 2020년 12월 17일에는 교토부 해안에서 길이 3m의 대왕오징어 사체가 발견되었다. 두 사건은 일본 내에서 큰 주목을 받았는데, 대왕오징어는 일반적으로 심해에 서식하는 어종으로 알려져 있기 때문이다. 이것이 지진과 연관이 있을 것이라는 소문이 있었는데, 2021년 2월 6일 후쿠시마 앞바다에서 발생한 규모 7.1의 강진은 이런 추측에 신빙성을 더했다. 한편 2021년 11월에는 부산에서 심해어인 대형돗돔이 잡히고, 부산과 제주를 포함한 여러 지역에서 악취가 발생한 일이 있었다. 이것이 지진의 전조일 수 있다는 의견이 제기되었는데, 2016년 부산과 울산 등지에서 발생한 가스 냄새와 개미떼 이동, 물고기 떼죽음 등의 이상 현상과 유사했기 때문이다.

지진의 위험성과 그로 인한 피해를 최소화하기 위한 노력으로, 지진 전조현상에 대한 연구가 계속해서 이루어지고 있다. 2014년 1월, 세계적인 학술지 〈네이처〉는 지진광 현상에 대한 연구 동향을 다룬 바 있다. 지진광은 지진 발생 전후로 대기 중에서 관측되는 발광 현상으로, 지각에 작용하는 응력에 의해 특정 광물들이 반응하면서 발생한다. 이 현상은 주로 규모 5.0 이상의 지진 발생과 관련이 있으며, 기록도 많이 남아 있다. 예를 들어, 2008년 5월 12일 중국 쓰촨성에서 발생한 규모 8.0의 대지진과 2009년 4월 9일 이탈리아 라퀼라에서 발생한 규모 6.3의 지진 발생 전에도 지진광이 목격되었다. 지진광을 목격한 사람들이 일부 대피하여 인명 피해를 줄이기도 했다.

또 다른 지진 전조현상으로는 지진운, 라돈가스 농도 증가, 지하수 수질 변화, 동물의 비정상적인 행동 등이 있다. 지진운은 단층면의 응력에 의해 대기 중에서 특정한 모양을 가진 구름이 형성되는 현상이며, 동물의 이상행동은 전하에 의한 교감신경 교란으로 설명된다. 라돈가스 농도 증가와 지하수의 변화는 단층과 지각의 변형에 따라 발생하는 현상으로, 특히 방사성 동위원소의 붕괴에 의해 생성된 라돈가스가 지하수에 용해되면서 농도가 증가하는 것으로 설명된다.

이들 지진 전조현상은 모두 지각에 응력이 누적되면서 나타나는 다양한 반응들로, 지진 발생 전 그 징후를 찾아내는 데 활용될 수 있다는 주장도 있다. 응력 누적은 지진 발생 직전에 최대값에 도달한다고 알려져 있기 때문에, 이러한 현상들은 지진이 임박했음을 알려주는 중요한 단서가 될 수 있다. 예를 들어, 심해어의 출현은 전자기적 교란에 의해 심해어가 해수면 근처로 이동한 것으로 해석될 수 있다. 또한, 응력이 누적되면 단층대 주변에서 지하수위 변화를 일으키기도 한다.

하지만 지진 전조현상에 대한 과학적 사실 여부는 여전히 논란의 대상이다. 지진광은 단층 운동이 진행되는 동안 가장 강력하게 발생한다고 예측되지만, 실제로는 지진 발생 수일 또는 수 주일 전에 목격된 사례도 많다. 또한, 단층대와 수백 킬로미터 떨어진 곳에서도 지진광을 봤다는 보고가 있다. 2004년 인도양 대지진과 2011년 동일본 대지진과 같은 강력한 지진에서는 지진광이 목격되지 않았다는 점도 주목할 만하다. 라돈가스 농도 증가 역시 지진과 반드시 연관된 현상이라고 보기는 어렵다. 동물의 비정상적인 행동도 지진 외의 다른 원인에 의한 것일 수 있기 때문에, 이를 지진 전조현상으로 확정짓기에는 무리가 있다.

지진 전조현상은 발생 이후 과학적으로 일부 설명할 수 있지만, 실험을 통해 이를 증명하기에는 한계가 있다. 지진광이나 라돈가스 농도, 전자기적 교란 등의 현상은 특정 조건에서만 나타나기 때문에, 이를 일반화하여 지진을 예측하기는 어렵다. 예를 들어, 특정 지역에서 라돈가스가 얼마나 배출될지, 전자기 유도 현상의 강도는 어느 정도일지를 정확히 예측할 수는 없다. 또 지진 발생과 전조현상 사이의 일관성을 증명하기 어렵고, 동일한 현상이 반복되거나 재현되는 경우도 드물다. 따라서 지진 전조현상은 과학적으로 아직 완전한 이론이 아니며, 이를 바탕으로 지진 발생 시점을 예측하는 것은 곤란하다.

그렇다고 지진을 사전에 인지하려는 노력을 포기할 수는 없다. 현재 과학계에서는 단층대의 직접 탐사를 통해 지진을 예측하는 방법에 집중하고 있다. 예를 들어, 미소지진을 탐지하거나 단층대의 변형률을 측정하는 방법이 그 대표적인 예다. 단층대에서 발생하는 미소지진은 단층면이 약해지며 큰 지진으로 이어질 가능성이 높기 때문에, 이러한 미소지진을 모니터링하는 것이 중요하다. 또한, 단층면의 전기비저항 측정 등을 통해 단층대의 상태를 추정하고, 누적된 응력량을 계산하여 지진 발생 가능성을 판별하려는 연구가 활발히 진행되고 있다. 지진학자들이 다양한 정보를 종합하여 지진을 예측하려는 노력을 계속하고 있으니, 미래에는 지진 예측 기술이 더욱 발전할 것으로 기대된다.

다음에서는 본격적으로 '지진 예보'라는 주제로 넘어가, 현재까지 이루어진 성과와 한계, 그리고 미래의 가능성을 탐구해보자.

지진 예보: 불가능을 향한 도전

어린 시절 가을 소풍을 준비하며 기상예보를 믿었다가 막상 예보와 다른 날씨에 실망했던 기억이 있을 것이다. 오늘날 기상예보는 과학과 기술의 발전으로 매우 정확해졌지만, 아이러니하게도 예보가 틀렸을 때 느껴지는 실망은 더 커진 것 같다. 예보의 신뢰도가 높아질수록 그 오차가 더 두드러지기 때문이다.

하지만 지진의 경우는 다르다. 지진 발생 시기와 규모를 예측하는 것은 아직도 과학적으로 해결되지 않은 난제로 남아 있다. 지구 내부에서 발생하는 응력 누적 과정을 실시간으로 관찰하고, 이를 바탕으로 지진 발생 가능성을 추정하는 일은 매우 어려운데, 그럼에도 불구하고 전 세계의 과학자들은 지진 예측 기술을 발전시키기 위해 다양한 노력을 기울이고 있다.

지진 발생 가능성을 추정하기 위해 오늘날에는 GPS, 인공위성, 변형률계, 경사계 같은 기술이 활용되고 있다. 이 기술들은 지각 내 응력 변화를 모니터링하거나 단층대의 전기비저항 변화를 측정해 전기적 변화를 분석하는 데 사용된다. 그러나 이러한 방법은 관측 장비가 설치된 지역에서만 효과를 발휘하며, 특히 접근이 어려운 해상 단층대에는 제한적으로만 적용된다. 또한 지각의 변형과 응력 누적은 오랜 시간에 걸쳐 서서히 이루어지기 때문에, 단기간 관측만으로는 변화의 추이를 정확히 파악하기 어렵다는 한계가 있다.

지진 발생 주기와 지진 빈도의 변화를 관찰하는 것도 지진 예보의 중요한 단서로 활용되고 있다. 응력이 누적되면서 단층대에서 작은 지진들이 자주 발생하는 현상이 관찰되기도 한다. 이는 대형 지진이 발생하기 수년 전부터 나타날 수 있으며, 실제로 2011년 동일본 대지진을 비롯한 여러 대형 지진 지역에서 유사한 현상이 보고된 바 있다. 하지만 이러한 전조 현상이 항상 대규모 지진으로 이어지는 것은 아니기 때문에, 예측의 정확도를 높이는 데는 여전히 어려움이 있다.

지진 예보가 성공한 사례도 있다. 1975년 중국 하이청에서는 미소지진과 지반 변위, 동물들의 이상행동이 관찰되었다. 이 정보를 바탕으로 주민들이 대피한 덕분에 며칠 후 발생한 규모 7.3의 지진 피해는 비교적 경미했다. 그러나 이와 같은 사례는 드물다. 반대로 예보의 한계를 보여준 사례도 있다. 2009년 이탈리아 라퀼라에서는 미소지진 빈도가 급증했음에도 불구하고 대형 지진 발생 가능성이 낮게 평가되었다. 결국 규모 6.3의 지진이 발생해 300여 명이 목숨을 잃었다.

지진 예보의 정확성을 높이기 위해, 과학자들은 정밀한 관측 기술과 분석 방법 개발에 매진하고 있다. 활성단층을 상세히 조사하고 미소지진 활동을 감지하는 일은 단층의 상태와 응력 누적 과정을 이해하는 데 중요한 단서를 제공한다. 또 고해상도 단층 지도를 작성하고, 대형 지진이 발생하기 전 나타나는 미세한 징후를 포착하려는 다양한 연구도 진행 중이다.

현재의 기술로 모든 불확실성을 제거하기에는 한계가 있지만 과학적 진보는 점차 우리의 이해를 넓히고 있다. 예보가 완벽하지 않더라도, 조기경보 시스템을 통해 지진 발생 후 몇 초에서 수십 초의 시간을 확보할 수 있다면, 인명 피해를 줄이고 중요한 인프라를 보호하는 데 큰 도움이 될 수 있다. 다음에서는 지진 조기경보 시스템의 작동 원리와 현재 기술 수준, 그리고 이 시스템이 실제로 재난 관리에 어떻게 활용되는지 살펴보자.

지진 조기경보 시스템: 골든타임을 확보하라

지진이 발생했을 때 정보를 얼마나 빠르게 전달하느냐는 피해를 줄이는 데 결정적인 역할을 한다. 최근 들어 지진 조기경보 시스템의 효과가 입증되어 여러 국가에서 활발히 도입되고 있다. 비록 지진 발생을 사전에 예측하는 것은 여전히 어려운 과제이지만, 지진 발생 직후 정보를 신속히 전달해 피해를

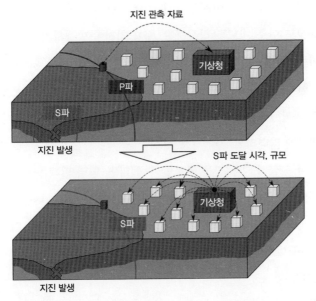

▲ 지진 조기경보 원리 개념도. 지진 조기경보는 지진관측소에 가장 먼저 도달하는 P파를 활용하여 지진의 발생 위치와 규모를 측정하고, 지진 피해를 일으키는 S파 도달 이전에 지진 정보를 전파하여 지진에 대비할 수 있도록 한다.
이미지 출처: Denelson83, CC BY-SA 3.0 (Wikimedia Commons)

최소화하려는 접근 방식이 점차 자리잡고 있다.

이 시스템은 진앙지 근처에 설치된 지진계로부터 지진파 데이터를 수집하고, 이를 바탕으로 지진의 규모와 발생 위치를 계산한 뒤 정보를 다른 지역에 빠르게 전달한다. 이를 활용하면 지진파가 도달하기 전 몇 초의 시간적 여유가 생기며, 고속열차 운행 중단, 병원의 비상전력 가동과 같은 즉각적인 대응이 가능해진다. 이러한 시스템이 효과적으로 작동하려면 지진계 설치 밀도가 높고 정보 전달 체계가 자동화되어야 한다. 일본, 미국, 대만, 멕시코 등은 이미 조기경보 시스템을 운영 중이며, 한국도 2015년부터 이를 도입해 실시간 지진 정보를 방송과 재난문자를 통해 시민들에게 제공하고 있다.

● **기상청 지진 조기경보 및 지진속보 기준**

구분	지진 조기경보	지진속보
발표 기준	규모 5.0 이상	(한반도 내륙) 규모 3.5 이상~5.0 미만
		(영해, 국외지역) 규모 4.0 이상~5.0 미만
발표 정보	발생 시각 지진 위치 추정 규모 예상 진도	
제한 시간	지진 발생 후 5초~10초 이내	지진 발생 후 5초~40초 이내

2011년 동일본 대지진 당시, 일본은 조기경보 시스템을 활용해 고속열차를 비상 정지시키고 병원의 전기 공급을 즉각 차단함으로써 사고를 예방하고 피해를 줄였다. 한국에서도 2016년 경주 지진과 2017년 포항 지진 당시 지진 정보를 신속히 전달해 시민들의 불안을 줄이는 데 기여했다. 특히 경주 지진에서는 관측 후 발표까지 걸린 시간이 26초로 기록되었는데, 만약 더 빨랐다면 피해를 더욱 줄일 수 있었을 것이다. 이후 시스템이 지속적으로 개선되어 2023년 강화 지진의 경우 발생 후 9초, 같은 해 11월 경주 지진의 경우 지진파 감지 5초 만에 전국에 지진속보가 발표되고 재난문자가 송출되어, 지진 방재 선진국 수준에 가까워지고 있다 하겠다.

해양에서 발생하는 지진은 지진해일을 동반할 가능성이 있어, 이를 경고하는 시스템도 중요하다. 일본은 지진 발생 후 지진해일 가능성을 함께 분석해 경고를 발령하며, 동일본 대지진 당시 이 시스템으로 많은 생명을 구했다. 미국 하와이에 위치한 태평양 지진해일 경보센터는 태평양 연안 국가들에 해일 발생 가능성을 알리고 있으며, 한국 기상청도 해양 지진 분석을 통해 지진해일 경보를 발령하고 있다.

조기경보 시스템의 가장 큰 과제는 짧은 시간 안에 불완전한 데이터를 기반으로 빠르고 정확한 결정을 내리는 것이다. 신속한 경고는 생명을 구할 수 있지만 오경보는 신뢰도를 떨어뜨릴 수 있어, 속도와 정확성 사이의 균형이 무엇보다 중요하다. 이를 위해 지진관측소의 밀도를 높이고 데이터 분석 기술을 개선하는 노력이 계속되고 있다. 한국은 약 15km 간격으로 촘촘한 관측망을 구축하여 정보 수집과 분석의 신속성을 확보했지만, 진앙지 근처의 경고 속도는 여전히 한계가 있다. 특히 삼면이 바다로 둘러싸인 지리적 특성상 해역 지진의 탐지가 어려워, 해저 지진계와 광케이블 기반 탐지 기술 도입이 활발히 논의되고 있다.

조기경보 시스템이 기술적으로 완벽해지려면 시간이 걸리겠지만, 꾸준한 연구와 투자를 통해 그 효과는 점점 더 커질 것이다. 다음에서는 지진 못지않게 치명적인 지진해일의 위협과 이에 대응하기 위한 방안에 대해 살펴보며, 해안 지역의 안전을 위한 전략을 알아보자.

육지를 덮치는 거대한 물결, 지진해일

지진해일은 해역에서 발생한 지진이 해저 지반을 크게 흔들어, 그 위의 바닷물을 이동시키면서 발생한다. 이 과정에서 바닷물은 부피 변화를 일으키며, 그로 인해 바닷물의 무게도 변한다. 이때 발생한 중력파가 해일을 일으키는 것이다. 지진해일은 지진 외에도 해저 지반의 운동, 예를 들어 해저 화산 폭발이나 운석 충돌 등으로도 발생할 수 있다. 해일의 이동 속도는 바다의 깊이에 따라 달라지며, 깊은 바다에서는 중력가속도와 파장 길이에 비례하는 속도로, 얕은 바다에서는 수심에 비례하는 속도로 이동한다. 해안가 근처에서는 해저면의 경사와 바닷물의 깊이가 낮아지면서, 해일의 파고가 커지는 특성을 보인다. 이로 인해 대형 지진해일이 발생할 수 있는데, 특

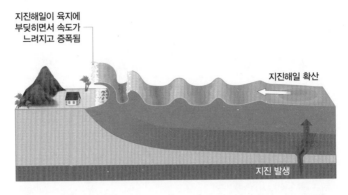

지진해일이 육지에
부딪히면서 속도가
느려지고 증폭됨

지진해일 확산

지진 발생

▲ 지진해일 발생 원리. 지진해일은 큰 해역 지진의 단층 운동으로 해저 지반이 변형되어 바닷물이 일시에 출렁이며 퍼져나가는 현상이다. 지진해일은 해안가에 다다라 속도가 느려지며 파고가 크게 커진다.

히 2000년대 이후 초대형 지진이 상대적으로 빈번히 발생하면서 이러한 지진해일도 늘어나고 있다. 2011년 동일본 대지진에서는 최대 파고 40m에 달하는 지진해일이 발생했으며, 2004년 인도양 수마트라섬 지진에서는 최대 30m의 파고가 관측되었다.

우리나라에서도 지진해일이 발생한 사례가 있다. 2024년 1월 1일, 일본 노토반도 동쪽에서 발생한 규모 7.6의 지진은 우리나라에 지진해일에 대한 우려를 불러일으켰다. 이 지진은 규모 5.8의 2016년 경주 지진의 512배에 달하는 강력한 지진으로, 진원지에서 북동쪽과 남서쪽으로 각각 100km, 지하 30km까지 단층면이 미끄러지며 발생했다. 지진의 진원 깊이

● 동해 주요 지진해일 기록

번호	지진 발생 일시	지진 위치	깊이	지진 유형	규모	최대 파고 (골-마루 높이)	피해
1	1940년 8월2일 00:08:24	44.561°N 139.678°E 홋카이도 서쪽 해역	15.0 km		7.5	삼척, 울진: ~2m	삼척: 선박 10척, 가옥 10동
2	1964년 6월16일 13:01:43	38.399°N 139.290°E 혼슈 서쪽 해역	15.0 km		7.6	부산, 울산: 0.3~0.4m	경미
3	1983년 5월26일 12:00:00	40.425°N 139.184°E 혼슈 서쪽 해역	15.1 km	역단층 지진	7.7	울릉도: 1.26m 묵호: >2m 속초: 1.56m 포항: 0.62m	사망·실종 3인, 부상 2인 선박 81척, 가옥 42동
4	1993년 7월12일 22:17:11	42.851°N 139.197°E 홋카이도 서쪽 해역	16.7 km	역단층 지진	7.7	울릉도: 1.19m 속초: 2.03m 동해: 2.76m 포항: 0.92m	선박 32척, 어망·어구 3228통
5	2024년 1월1일 16:10:09	37.487°N 137.271°E 혼슈 서쪽 해역	10.0 km	역단층 지진	7.5	울릉도: 0.2m 속초: 0.8m 묵호: 1.6m 동해: 0.6m 임원: 0.5m 후포: 1.0m 포항: 0.6m	피해 없음

가 얕고 단층면이 큰 거리를 이동하면서 강력한 진동을 일으켰으며, 이로 인한 지진해일의 높이는 최대 5m에 달했다. 이후 이 지진해일은 동해를 가로질러 우리나라 해안까지 도달했으며, 묵호항에서는 85cm의 지진해일이 관측되었다. 진원지의 위치를 고려하면 북한 해역에서 더 높은 해일이 발생했을 가능성도 있다. 1940년, 1964년, 1983년, 1993년에도 일본 열도 서쪽 해역에서 발생한 지진들이 우리나라 동해안에 영향을 미쳐 지진해일이 발생했으며, 특히 1983년에는 인명 피해까지 발생했다. 《조선왕조실록》에도 여러 차례의 지진해일 피해 기록이 남아 있다.

우리나라 동해안 지역은 지진 발생 빈도가 높고, 경주 지진과 포항 지진 이후 지진 활동이 더욱 증가하고 있다. 동해에서 발생하는 대부분의 지진이 해안에서 60km 이내에서 발생하고 역단층 지진이 활발한 동해 지진의 특성을 고려하면 큰 지진 발생 시 지진해일을 동반할 가능성이 있다. 이와 같은 지진해일은 해안까지 약 20분 이내에 도달할 수 있기 때문에, 경고와 대피가 무엇보다 중요하다.

지진해일 피해를 줄이기 위한 노력은 국제적으로 진행되고 있다. 미국 해양대기청NOAA은 하와이에 설치된 태평양 지진해일 경보센터를 통해 태평양 연안에서 발생한 지진해일을 분석하고, 이를 각국에 경고하고 있다. 특히 2004년 12월, 인도

● 《조선왕조실록》의 지진해일 관련 기록

번호	발생 일자	기록
1	1415년 (태종 15년) 4월 5일	동해의 물이 넘쳤다. 영일로부터 길주에 이르기까지 바닷물의 높이가 5척, 또는 13척이나 되어, 육지로서 어떤 곳은 5,6척, 어떤 곳은 백여 척이나 덮었는데, 진퇴가 조수와 같았다. 또 삼척과 연곡 등지에서는 바닷물이 줄고 넘치기를 대여섯 차례나 하였는데, 넘칠 때에는 50~60척이나 되고, 줄 때에는 40여 척이나 되었다.
2	1643년 (인조 21년) 6월 9일	서울에 지진이 있었다. 경상도의 대구·안동·김해·영덕 등 고을에도 지진이 있어 연대와 성첩이 많이 무너졌다. 울산부에서는 땅이 갈라지고 물이 솟구쳐 나왔다. 전라도에도 지진이 있었다. 안동에서 동해 영덕 이하를 경유해 김천 각 읍에 이르기까지 이번 달 초 9일 신시, 초 10일 진시에 두 번 지진이 있었다. 성벽의 무너짐이 많았다. 울산부의 동쪽 13리 조석의 물이 출입하는 곳에서, 물이 끓어올랐는데, 마치 바다 가운데 큰 파도가 육지로 1, 2보 나왔다가 되돌아 들어가는 것 같았다. 건답 6곳이 무너졌고, 물이 샘처럼 솟았으며, 물이 솟아난 곳에 각각 흰모래 1, 2두가 나와 쌓였다.
3	1668년 (현종 9년) 6월 23일	평안도 철산에 바닷물이 크게 넘치고 지진이 일어나 지붕의 기와가 모두 기울어졌으며, 사람이 더러 놀라서 엎어지기도 하였다. 평양부, 황해도 해주·안악·연악·재령·장연·배천·봉산, 경상도 창원·웅천, 충청도 홍산, 전라도 김제·강진 등에 같은 날 지진이 있었다. 예조가 중앙에 단을 설치하고 향과 폐백을 내려보내어 해괴제를 지내기를 청하니, 상이 따랐다.

양 수마트라섬에서 발생한 대형 지진해일은 22만여 명의 인명 피해를 초래했으며, 이 사건을 계기로 인도양에서 발생한 지진에 대한 모니터링과 경고를 수행하는 인도양 지진해일 경보 시스템이 2006년부터 운영되고 있다.

2011년 동일본 대지진은 지진해일의 파괴력을 적나라하게 보여주었다. 해일이 순식간에 해안선을 넘어 육지를 집어삼키는 모습은 많은 사람들에게 깊은 충격을 안겼다. 지진해일은 최대 시속 수백 킬로미터에 달하는 속도로 이동하기 때문에, 이보다 느린 차량이나 도보로 도망치는 것은 오히려 위험할 수 있다. 지진해일을 인지했다면 망설임 없이 고지대로 이동하거나 가까운 고층 건물 등 높은 곳으로 신속히 대피해야 한다.

지진해일은 미리 준비해야만 피해를 줄일 수 있는 재해다. 경보 시스템을 더욱 정교하게 개선하고, 지역 주민들에게 효과적인 대피 요령을 교육하는 것이 핵심이다. 앞으로도 기술 개발과 인프라 강화를 통해, 지진해일에 대한 대응력을 높이는 지속적인 노력이 필요하다. 자연의 위협 앞에서 철저한 대비만이 우리의 안전을 지키는 강력한 방패가 될 것이다.

4장

한반도와 일본, 지진의 땅

한반도,
지진 안전지대일까?

한반도의 지진 위험

한반도는 지각판의 경계에서 멀리 떨어진 판의 내부에 위치해 있다. 판 내부 환경에서는 응력이 누적되는 속도가 판 경계부에 비해 느리고, 같은 규모의 지진이 다시 발생하는 시간도 길다. 이로 인해 한반도가 일본과 같은 판 경계부보다 지진 발생 빈도가 낮은 것은 사실이지만, 그렇다고 큰 지진이 발생하지 않는 것은 아니다.

큰 지진은 모두 길게는 수천 년 동안 누적된 응력의 결과라고 할 수 있는데, 예를 들어 규모 9.0의 2011년 동일본 대지진은 약 1,000년, 규모 7.9의 2008년 쓰촨성 지진은 약 4,000년 만에 발생한 것으로 알려져 있다. 따라서 이런 대형 지진을 제대로 평가하기 위해서는 당장의 지진 기록 외에 다양한 방법이 요구된다. 예를 들어 역사 기록에 남아 있는 지진 피해 기록을 살펴본다거나, 단층의 이동 변위를 파악해 과거와 미래의 지진 규모를 추정할 수 있다. 한국은《조선왕조실록》등 역사 기록물이 잘 보존돼 있어, 수천 번의 지진 피해 기록도 남아 있다. 이를 통해 확인된 지진들은 미래에도 발생할 수 있는 지진들로, 그중 일부는 규모 7.0에 가까운 것으로 추정된다.

한반도의 지진은 전국적이고 산발적으로 발생하며, 특정 지역에서 지진 발생 빈도가 높다. 계기지진과 역사지진 등을 종합적으로 살펴보면, 한반도의 지진 빈발 지역은 백령도와 평양을 잇는 지역, 서울을 포함한 수도권, 속리산 일대의 중부 지역, 울진 앞바다 지역의 동해 연안, 서해안 연안 지역 등이다. 최근에는 제주도 일대에서도 지진 발생 빈도가 높아졌다.

한반도의 지진 관측은 1978년에 시작되었으나, 그 이전에도 인근 국가에서 한반도 지진에 대한 기록이 있었고, 미국이 설치한 일부 관측소가 운영되기도 했다. 이 기록에 따르면, 1952년에 강서 지역에서 발생한 규모 6.2의 지진이 가장 큰 지진이었다. 1978년 이후의 자료에 따르면, 2016년 규모 5.8의 경주 지진이 최대였다. 경주 지진 이전까지 규모 5 이상의 지진이 동일한 지역에서 발생한 적은 없었는데, 그런 지진

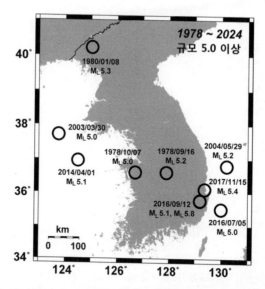

▲ 한반도 및 인근 해역에서 발생한 규모 5.0 이상의 지진 분포. 한반도와 인근 해역에서는 1978년부터 2024년까지 규모 5.0 이상의 지진이 총 열 차례 발생했다. 가장 큰 지진은 2016년 경주에서 발생한 규모 5.8 지진이다.

이 한 시간 이내에 연속적으로 발생한 것 또한 주목할 만하다. 이런 연쇄적인 중대형 지진 발생은 지진 빈발 지역에서도 흔치 않다. 연쇄 지진은 한반도 지각 내에 축적된 응력이 연쇄적으로 배출된 결과로 설명할 수 있다.

2011년 동일본 대지진 직후, 한반도 동해안 지역은 일본 열도 방향으로 약 5cm 이동했고, 서해안 지역은 2cm 이동했다. 이로 인해 한반도 지각은 동서 방향으로 약 3cm 확장되었으

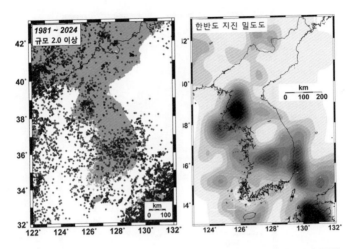

▲ 한반도와 인근 해역의 지진 분포(좌)와 지진 밀도도(우). 1981년 이후 한반도에서 발생한 규모 2.0 이상의 지진 분포와 지진 발생 횟수를 지진 밀도로 환산한 그림으로, 한반도에서는 평양 인근, 동해 연안, 속리산 인근, 서해안, 제주 근해에서 높은 지진 발생률을 보인다.

며, 동서 간의 차별적인 변위는 한반도 지각의 매질 강도를 약화시켰다. 지진파의 속도가 동일본 대지진 직후 약 3퍼센트 감소한 사실이 이를 뒷받침한다. 이로 인해 동일본 대지진 이후, 여러 지역에서 매질 강도가 낮아지며 일시적으로 응력 임계치를 넘어서면서 연쇄적으로 지진이 발생했다. 예를 들어, 2013년에는 규모 2.0 이상의 지진이 93회 발생했는데, 이는 한반도 연평균 지진 발생 횟수(약 40회)의 두 배가 넘는 수치다.

큰 지진도 발생이 증가했다. 1978년 이후, 동일본 대지진 이전까지 한반도에서 규모 5.0 이상의 지진은 33년 동안 총 다섯 차례 발생했으나, 동일본 대지진 후에는 똑같은 다섯 번의 지진이 6년 5개월 동안에 일어났다. 또한, 한반도에서는 일찍이 관측되지 않았던 군집형 지진도 나타났다. 군집형 지진은 활성도가 높은 단층에서 연쇄적으로 발생하는 지진이다.

동일본 대지진 이후 이렇게 한반도의 지진이 증가한 것은 그 발생 시기가 앞당겨진 것으로 이해된다. 즉, 응력이 축적되어 언젠가는 발생할 지진이 그 시기를 앞당겨 발생하며 일부 에너지를 해소한 것이다. 최근 연구에 따르면, 약화된 한반도 지각은 동일본 대지진 이후 지속적으로 회복되고 있지만, 아직 완전히 회복되지는 않은 것으로 분석된다.

2022년 10월 29일, 충청남도 괴산에서 규모 4.1의 지진이 발생했다. 이 지진은 중부 지역과 수도권, 강원도, 전라북도에서 최대 진도 5를 기록하며 큰 지진동을 일으켰다. 이 지진은 2017년 규모 5.4의 포항 지진 이후 내륙에서 발생한 가장 큰 지진이었다. 진앙지는 지하 12km 깊이에 있는 수평 이동 단층이었다. 본진 발생 16초 전에는 동일한 단층면에서 규모 3.5의 지진이 발생했다. 한 시간 동안 탐지된 여진은 총 42회였다. 1978년 이후 지진 관측 기록에 따르면 괴산 지진의 본진 반경 10km 이내 지역에서 규모 2.0 이상의 지진이 발생한

적은 한 번도 없었다. 이런 식으로 한반도 곳곳에서, 이전에는 지진이 발생하지 않던 지역에서도 지진이 발생하고 있다.

한반도 지각은 오랜 기간 응력을 축적해왔는데, 지각 강도가 약화되니 곳곳에서 지진이 빈발하는 환경으로 변화한 것이다. 한반도는 과거에는 지진이 발생하지 않았던 지역이라도 향후 지진 발생 가능성이 높은 지역으로 간주될 수 있다. 역사 기록에 따르면, 779년에 경주에서 발생한 지진은 100여 명의 인명 피해를 동반한 큰 지진으로 기록되어 있으며, 1024년과 1038년 두 차례 석가탑이 지진으로 무너진 사례도 있다. 《조선왕조실록》에는 1,900여 건에 달하는 지진 기록이 남아 있는데, 특히 수도권 지역에서 큰 지진이 많이 발생했음을 알 수 있다. 현재 수도권은 인구가 밀집해 있고, 고층 건물이 많으며, 한강 주변과 같은 퇴적층 지역에서는 지진파가 증폭될 수 있어 지진 발생 시 큰 피해를 초래할 가능성이 있다. 최근 지진 관측 기록을 보면 수도권에서는 큰 지진이 발생하지 않았는데, 이는 해당 지역에 응력이 오랜 기간 누적되고 있음을 의미한다. 다시 말해 큰 지진이 발생할 수 있는 것이다.

한반도에서는 대부분의 지진이 5~15km 깊이에서 발생하며, 큰 지진이 발생하지 않으면 단층은 지표에 드러나지 않을 확률이 크다. 2007년 오대산 지진, 2016년 경주 지진, 2017년 포항 지진 등이 모두 지표에서 확인되지 않은 단층에서 발생한 지진들이며, 수도권에서 과거 지진을 일으킨 단층도 아직 확인되지 않았다. 이 지역의 추가령 구조곡이 지진 유발 단층 후보로 제시되었지만, 지진 활동 흔적은 발견되지 않았다. 과거 수도권에서 발생한 지진을 일으킨 단층도 지하에 숨겨져 있을 가능성이 높다.

한반도의 지각은 오래되고 단단한 암석으로 구성되어 있어 강한 지진파가 멀리까지 전달된다. 이는 한 차례 강진으로 광범위한 지역에 피해가 발생할 수 있음을 의미한다. 따라서 한반도의 지진 잠재성을 평가하고 재해를 줄이기 위해서는 활성단층에 대한 조사와 모니터링이 중요하다. 양산단층대와 같은 주요 단층에 대한 활성 여부는 한반도 지진 재해를 예방하는 데 있어 반드시 확인해야 할 요소다.

한반도의 지질 특성과 지진

일본처럼 판의 경계부에 위치한 지역은 응력이 빠르게 축적되며, 이로 인해 지진이 자주 발생하고 큰 규모의 지진이 빈발한다. 반면, 한반도는 앞서 말했듯 유라시아판 내부에 자리잡고 있어, 판 경계부와 비교했을 때 응력이 축적되는 속도가 상대적으로 느리다. 이 때문에 한반도에서의 지진 발생 빈도는 낮고, 한 번의 지진이 발생하는 시간 간격도 길다. 그러나 역사적 기록을 보면, 한반도 역시 여러 차례 강력한 지진이 발생한 사례들이 있다. 그중에는 규모 6 이상의 큰 지진도 포함되어 있다. 이러한 사실은 한반도의 지진 발생 특성을 이해하는 데 중요한 시사점을 제공한다. 즉, 한반도와 같은 판 내부 환경에서의 지진 발생을 연구하기 위해서는 장기적인 관측과 데이터 축적이 필수적이라는 사실이다.

지진의 원동력은 판의 운동에서 비롯된다. 이 운동 방향은 오랜 시간 동안 일정하게 유지되며 1,000년 전과 현재의 움직임에 큰 차이가 없다. 과거 한반도에서 큰 지진을 일으켰던 응력이 여전히 쌓이고 있다는 말이다. 이 응력은 시간이 지나면서 점점 더 큰 압력을 가하게 되고, 결국 한반도 지각이 견딜 수 있는 임계점에 가까워질 것이다. 역사 기록에 등장하는 강진은 지나간 과거의 일이 아니라 언젠가 재현될 가능성을 내포하고 있다. 예를 들어, 2010년 아이티에서 발생한 규모 7.0의 대지진은 200년 만에 발생한 지진이었는데, 22만 명이 넘는 사망자와 막대한 경제적 피해를 초래했다. 오랜 시간 동안 지진 대비가 부족했던 결과 피해가 극대화된 것이다. 이러한 사건은 한 번의 지진이 얼마나 큰 피해를 일으킬 수 있는지 상기시켜준다.

지진의 발생 빈도와 규모는 지역의 응력 환경에 의해 좌우

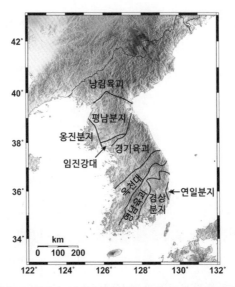

▲ 한반도 지체 구조. 한반도는 세 개의 육괴(낭림육괴, 경기육괴, 영남육괴)와 여러 습곡대
와 분지로 구성되어 있다.

된다. 하지만 지진이 발생하는 단층 위치나 지역별 지진파의 증폭 현상은 해당 지역의 지질 구조와 밀접한 관계가 있다. 한반도는 고생대에 형성된 세 개의 육괴와 이들 사이에 놓인 습곡대로 이루어져 있다. 이들 견고한 암반 지역에서는 지진파가 먼 거리를 전파하더라도 진폭이 크게 감소하지 않는 특성을 보인다. 이는 지진이 발생한 지역에서 멀리 떨어진 지역에서도 강한 지진동이 발생할 수 있다는 뜻이다. 경주와 포항에서 발생한 지진의 영향을 수도권 지역에서도 강하게 느낄 수

있었던 이유가 바로 이 때문이다. 또한, 지표 퇴적층이 있는 지역에서는 지진파가 증폭되어 피해가 더 커질 수 있다. 퇴적층이 지진파를 더 강하게 만들기 때문에, 지진 피해의 범위가 확대될 수 있는 것이다.

한반도와 그 주변 해역에서 발생하는 지진은 한반도와 동해의 형성과도 깊은 연관이 있다. 중생대 말기, 지구조 운동으로 한반도와 일본 열도가 분리되었고, 이 과정에서 동해가 형성되었다. 동해가 생겨남으로써 현재 한반도와 일본 열도 사이에 존재하는 고열개 구조의 형성에 영향을 미쳤다. 이 고열개 구조는 수평 장력에 의해 만들어진 정단층 구조인데, 지금도 태평양판과 유라시아판이 충돌하면서 동해 지역에는 압축력이 가해지고 있다. 이로 인해 동해 지역에서는 역단층 지진이 발생하고 있다. 규모 5 이상의 중규모 지진도 자주 발생하며, 앞으로 더 큰 지진이 발생할 가능성도 배제할 수 없다. 한편, 백령도 근해에는 한반도의 형성과 관련된 충돌대가 존재하는데, 이곳에서는 남북 방향의 수평 장력이 작용하여 동서 방향으로 주향을 가진 정단층 지진이 발생하고 있다. 이와 같은 단층대에서 발생할 수 있는 지진은 응력이 점차 누적됨에 따라 대규모 지진을 일으킬 가능성이 있다.

내륙 지역에서도 지질 활동이 활발히 일어나고 있다. 특히 양산단층은 영덕에서 양산, 부산을 잇는 170km에 이르는 거대한 단층으로, 이 단층에서 이미 여러 차례 지진 활동이 관측된 바 있다. 양산단층 전체의 활성 여부에 대해서는 논란이 있지만, 지역적으로 특정 구간에서 지진 활동이 확인되고 있다. 또한 강원도 북부와 수도권을 지나가는 추가령단층대도 중요한 지질 경계면으로, 이 지역에서도 지질 활동이 관측되고 있다. 이러한 지질 경계면들은 지진을 유발할 수 있는 잠재적인 위험 요소로 작용할 수 있다.

한반도처럼 지진 발생 주기가 긴 지역에서는 지진 발생 주기에 맞춰 건물과 시설물의 내진 성능을 강화하는 것이 경제적으로 어려울 수 있다. 따라서 각 지역의 지진 위험도를 정확히 파악하고, 주요 단층대의 크기와 잠재적 지진 규모를 면밀히 조사해 각 지역에서 발생할 수 있는 최대 규모의 지진을 예측하는 것이 필수적이다. 이러한 정보는 국민의 안전을 보장하고, 미래에 발생할 수 있는 대규모 지진에 대비하는 중요한 기초가 될 것이다.

한반도의 해역 지진

한반도는 삼면이 바다로 둘러싸여 있어 내륙뿐만 아니라 해역에서도 지진이 자주 발생한다. 동해, 서해, 남해 모두 지역

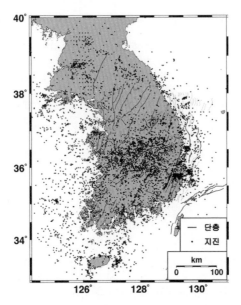

▲ 한반도 주요 단층 및 지진 분포. 한반도에서 발생하는 지진들은 지표에서 확인되는 단층뿐 아니라 지하 단층에서도 다수 발생하고 있다. 지표에서 확인되지 않는 지하 단층이 내륙뿐 아니라 해역에도 다수 존재한다.

적인 지질구조와 연관된 지진 활동을 보이며, 이는 각 해역의 지질 특성과 깊은 관련이 있다.

　동해에는 중생대 말에 열개rift 운동으로 형성된 고열개 구조 지역이 있다. 한반도와 일본 열도가 분리되면서 정단층 구조를 갖게 된 지역이다. 현재 동해에서는 태평양판과 필리핀해판의 충돌로 인해 동북동−서남서 방향의 압축력이 작용하고 있다. 이 압축력은 고열개 구조 단층에 진원 깊이 25km 이상의 역단층성 지진을 일으킨다. 동해 연안에서는 규모 5 이상의 중규모 지진이 빈번히 발생하며, 이는 해안 지역에 큰 재해를 초래할 수 있다. 특히 역단층 지진은 지진해일을 유발할 가능성이 있어 동해 해안선 일대에서는 지진뿐 아니라 지진해일에 대한 대비가 필수적이다.

동해에서는 이 밖에도 고열개 구조를 가로질러 발달한 주향이동단층에서 발생하는 지진도 증가하고 있으며, 태평양판이 유라시아판 아래로 침강하면서 북한과 러시아 접경지 인근에서는 깊이 600km에 이르는 지진이 발생한다. 이들 지진은 진원 깊이가 깊어 피해를 유발하지는 않지만, 판의 움직임을 연구하는 데 중요한 단서를 제공한다.

서해는 백령도 근해를 중심으로 지진이 발생하는 지역이다. 이곳은 북중국판과 남중국판이 충돌하면서 형성된 지질구조를 가지고 있으며, 주로 동서 방향의 정단층 지진이 관찰된다. 서해 지역의 지진은 진원 깊이가 15km 이내로, 내륙 지진과 유사한 특징을 보인다. 2013년에는 이 지역에서 규모 4.9의 지진이 두 차례 발생해 주목받았으며, 응력 누적에 따라 더 큰 지진이 발생할 가능성도 있다.

남해 지역의 지진은 전라남도와 제주도 사이 해역에 집중된다. 이곳의 지진 발생 빈도는 상대적으로 낮지만, 제주도 근해에서는 화산 구조와 연관된 지진 활동이 관찰된다. 특히 대마

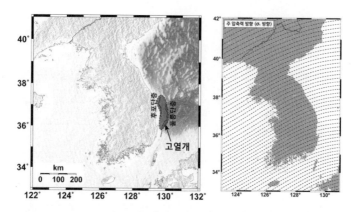

▲ 동해 고열개 구조와 인근 단층(좌). 한반도 횡압축 응력 방향(우). 동해는 신생대 마이오세~올리고세에 걸쳐 일어난 열개 운동으로 일본 열도가 한반도에서 분리되며 만들어졌다. 동해 열림opening과 관련된 고열개 구조를 따라 발달한 여러 단층은 동해에 작용하는 횡압축력을 받아 역단층 지진을 일으키고 있다.

도 서쪽 근해에서 주향이동단층성 지진이 발생하며, 이는 지역적으로 중요한 지진 연구 대상이다.

　2011년 동일본 대지진 이후 한반도에서는 군집형 지진 현상이 나타나기 시작했다. 이는 활성단층에서 지진이 연쇄적으로 발생하는 현상으로, 이전에는 드물게 관측되던 지진 유형이다. 예를 들어, 2013년 보령 앞바다에서는 규모 1.0 이상의 지진이 100회 이상 관측되었는데, 보령 앞바다 지역은 이전까지 지진이 한 차례도 없었던 지역이다. 서해에서 발생한 지진도 잦아져서, 2013년 한 해 동안 발생한 규모 2.0 이상의 지진 총 93회 중 서해에서 일어난 지진만 49회에 이른다. 이러한 변화는 한반도 해역의 지진 활동이 새로운 국면에 접어들었음을 시사한다.

해역 지진의 또 다른 주요 위협은 지진해일이다. 동해는 특히 지진해일의 발생 가능성이 높은 지역이다. 일본 북서 해안에서 발생하는 규모 7 이상의 지진들은 종종 지진해일을 동반하며, 이는 동해를 넘어 우리나라 연안 지역에도 영향을 미칠 수 있다. 실제로 1983년과 1993년에 일본 동해에서 발생한 지진들은 우리나라 동해안에 지진해일 피해를 초래했다. 고열개 구조에서 발생하는 지진들은 깊은 수심에서 지진해일을 일으킬 수 있는 조건을 갖추고 있으니 지진해일 발생 가능성을 간과해서는 안 된다. 지진해일의 발생 가능성을 평가하고 대비책을 마련하기 위해 과거 지진해일 기록과 해양 퇴적물 연대 측정을 통해 발생 시점을 분석하고, 수치 모델링을 통해 과거 지진해일의 규모와 단층 활동 주기를 추정하는 연구가 진행되고 있다.

경주 지진과 포항 지진 이후 한반도 해역의 응력이 증가하면서 동해와 포항, 영덕 인근 해역에서는 지진 발생 빈도가 높아지고 있다. 이러한 지역에서는 강한 지진과 지진해일이 발생할 가능성이 있으며, 특히 규모 6 이상의 지진은 동해안 지역에 심각한 피해를 초래할 수 있다. 동해안에서의 지진과 지진해일에 대한 철저한 대비가 요구된다.

군집형 지진: 한반도의 응력 불균형

군집형 지진은 짧은 시간 안에 여러 번의 지진이 연달아 발생하는 현상으로, 최근 한반도에서 주목받는 지질학적 특징 중 하나다. 이 지진들은 전통적인 단발성 지진과는 다른 양상을 보이며, 특히 기존에 지진 활동이 거의 없었던 지역에서 나타나고 있다는 점에서 눈여겨볼 만하다.

군집형 지진이 처음 관심을 끌었던 사례는 2013년 백령도 해역과 보령 앞바다에서 관측된 연쇄적인 지진 활동이었다. 백령도 근해에서는 최대 규모 4.9의 지진이 6개월 동안 45회 발생했고, 보령 앞바다에서는 규모 0.7에서 3.5 사이의 지진이 3개월 동안 108회 기록되었다. 이들 지역은 이전에 지진 활동이 없던 곳이었다. 이후 2020년 해남 지역에서는 약 15일 동안 400회 이상의 군집형 지진이 발생하며 새로운 기록을 세웠다. 이 가운데 가장 큰 지진은 5월 3일에 발생한 규모 3.1 지진으로, 지역 주민들도 뚜렷한 흔들림을 느꼈다. 이러한 지진 활동은 독일 언론 〈도이체 벨레〉를 포함한 여러 매체에도 보도되며 국내외적으로 주목받았다.

해남 군집형 지진의 원인에 대한 초기 추측은 인근 매립지나 단층의 압력 변화였다. 그러나 정밀 분석 결과, 이 지진들은 지하 20~22km 깊이에 위치한 주향이동단층에서 발생한

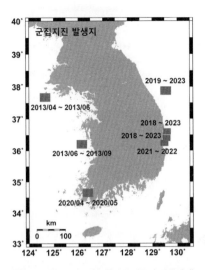

▲ 한반도 및 인근 해역의 군집형 지진 분포. 한반도 내륙과 해역에서는 다양한 군집형 지진들이 시기와 위치를 바꿔가며 발생하고 있다.

것으로 확인됐다. 이는 일반적인 한반도 지진 발생 깊이인 5~15km보다 더 깊은 곳에서 일어난 사례로, 매우 이례적이다. 또한 지진 활동은 좁은 단층면에서 시작해 점차 북서-남동 방향으로 퍼져나가는 형태를 보였는데, 이는 단층면에 축적된 응력이 한꺼번에 방출되며 발생한 현상으로 해석된다.

최근 몇 년간 한반도 지진 발생 양상은 기존의 지진 활동 패턴과 다른 모습을 보이고 있다. 일반적으로 얕은 깊이에서 발생하는 지진은 지구 내부에 쌓인 응력을 효과적으로 해소하지만, 2020년 해남 지진처럼 깊은 곳에서 발생한 지진은 한반도 내부 응력 구조의 변화 가능성을 암시한다. 특히 2011년 동일본 대지진은 한반도 지진 활동에 중대한 영향을 미쳤다. 동일본 대지진이 한반도 주변의 응력 불균형을 초래해 일부 지역에서 응력 임계치가 낮아지면서 기존에 축적된 응력이 방출되어 지진 활동이 증가했다는 분석이 제기되고 있다.

백령도, 보령, 해남에서 발생한 군집형 지진은 모두 2011년 동일본 대지진 이후 관측된 지진이다. 이는 동일본 대지진으로 유발된 응력 변화가 여전히 한반도 지진 활동에 영향을 미치고 있음을 보여준다. 군집형 지진은 이제 한반도 지진학에서 중요한 특징으로 자리잡고 있으며, 향후 지진 발생 예측과 대응 전략을 수립하는 데 핵심적인 단서를 제공할 것이다. 이 현상은 우리가 한반도 지각 내부에서 일어나는 복잡한 역학을 아직 제대로 파악하지 못하고 있으며, 한반도가 더 이상 지진 안전지대가 아님을 분명히 상기시킨다. 다음에서는 한반도에서 일어난 구체적인 지진 사례와 그 의미를 알아보자.

과거가 말해주는 미래, 한반도의 지진

수도권 지진: 잠재적 위험과 대비

2011년 동일본 대지진은 고밀도 인구와 핵심 인프라가 밀집된 도시에서 지진 재해가 얼마나 심각한 결과를 초래할 수 있는지를 단적으로 드러냈다. 당시 진동은 일본 내륙 수백 킬로미터까지 전달되어, 오사카의 사키시마 청사 전망대와 같은 고층 건물이 10분 넘게 흔들렸다.

한반도 역시 지진의 예외 지역일 수 없다. 특히 수도권은 정치, 경제, 사회적 중심지로 기능하며, 인구 밀도가 높고 주요 인프라가 집중된 만큼 지진이 일어나면 잠재적 피해 위험이 크다. 역사적으로 수도권에서 여러 차례의 큰 지진이 발생한 기록도 있다. 기상청에 따르면, 북한의 수도권 지역인 평양 일대는 한반도에서 지진 활동이 가장 활발한 지역 중 하나다. 예를 들어 1952년 평양 근교 강서에서는 규모 6.2의 지진이 발생했으며, 이후에도 안악, 사리원 등지에서 규모 4~5대의 지진이 여러 차례 관측되었다. 이들 지역은 3억 년 전 형성된 두꺼운 퇴적층 위에 위치하며, 과거 지질 활동의 여파가 현재까지도 지진 발생에 영향을 미치고 있는 것으로 보인다.

서울은 지질학적으로 비교적 안정된 경기육괴 위에 위치하고 있지만, 안전을 보장할 수는 없다. 수도권 지역에서도 역사적으로 규모 5.3에서 6.8에 이르는 지진이 발생한 사례가 있다. 최근 관측된 지진 기록에는 큰 지진이 나타나지 않았지만, 이는 짧은 관측 기록만으로 지역의 지진 특성을 파악하기 어려운 한계 때문이다. 특히 서울 지역의 경우 지하에 드러나지 않은 단층이 존재할 가능성이 있으며, 이는 지진 발생 위험을 예측하기 어렵게 만든다.

최근 연구에 따르면, 서울에서 2017년 포항 지진(규모 5.4)과 같은 강도의 지진이 발생할 경우, 최대 진도 8~9에 이르는 강한 흔들림이 발생할 것으로 예측된다. 이 정도 지진은 지반 가속도가 10.6~11.9m/s²에 달해 주요 건축물과 인프라에 큰 피해를 초래할 수 있다.

이러한 위험성을 염두에 두고 2018년부터 2021년까지 수도권에서는 지진 유발 단층에 대한 조사가 진행되었다. 4년간의 조사 결과, 지표에 드러난 활성단층은 확인되지 않았지만, 지하 깊은 곳에는 심부 단층이 존재하는 것으로 나타났다. 수도권에서는 미소지진이 빈번히 발생하는데, 이는 장기적으로 응력이 축적되고 있다는 뜻이다. 특히, 서울 북서부와 북한산 일대, 경기도 연천 지역에서는 미소지진이 지속적으로 관측되고 있다. 그 주요 원인으로 추가령단층대와 연결된 심부 단층이 지목된다.

지진이 드물게 발생하는 지역일수록 큰 지진의 발생 가능성이 높을 수 있다는 점에서, 수도권도 큰 지진의 예외 지역일 수 없다. 따라서 지속적인 지진 모니터링, 인공위성 기반의 지표 변위 조사, 내진 설계 강화 등의 대비책이 필요하다. 조용한 땅 아래에서 어떤 변화가 일어나고 있는지 주시해야 한다.

경주 지진: 지진 안전지대에 대한 오해와 진실

2016년 9월 12일, 추석 연휴를 이틀 앞두고 경주에서 발생한 규모 5.8의 지진은 한국 역사상 가장 강력한 지진으로 기록되었다. 이는 1978년 지진 관측 이래 최대 규모였으며, 이전까지 가장 강력했던 1980년 평안북도 삭주의 규모 5.3 지진보다 약 6배 강한 규모였다. 이 지진은 한반도의 오래된 지각을 타고 널리 퍼졌으며, 5만 건이 넘는 지진 감지 신고가 접수되었다. 진앙지에서는 지진 발생과 함께 굉음이 들렸다는 증언도 있었다. 본진 발생 48분 전에는 규모 5.1의 전진이 있었는데, 한 지역에서 규모 5 이상의 지진이 한 시간도 안 되는 간격을 두고 연달아 발생한 사례는 한반도 지진 역사에서 처음이었다. 이 두 지진은 동일한 단층에서 발생한 것으로 분석되었다.

본진 발생 이후 한 달 동안 규모 1.5 이상의 여진이 470회 이상 발생했으며, 그중 18회의 지진은 규모 3을 넘었다. 특히 본진 발생 일주일 만에 규모 4.5의 여진이 발생하기도 했다. 이로 인해 23명의 부상자가 발생하고 수많은 문화재와 건물이 피해를 입었으며 5,000여 건 이상의 재산 피해가 발생했다. 정부는 경주시 일대를 특별재난지역으로 선포했는데, 이는 역사상 지진 피해로 인한 첫 번째 특별재난지역 선포였다. 경주 지진은 한반도가 더 이상 지진 안전지대가 아님을 온 국민에게 명확하게 인식시킨 사건이었다.

그러나 불행 중 다행이랄까. 경주 지진은 유사한 규모의 다른 지진들과 비교할 때 인명 피해와 재산 피해가 적은 편이었다. 예를 들어, 2016년 8월 24일 이탈리아 중부 노르차에서 발생한 규모 6.2의 지진은 290여 명의 사상자를 발생시켰다. 진원 깊이(4.4km)가 얕아 지표에서 강한 지진동이 발생했기 때문이다. 반면, 경주 지진은 진원 깊이가 약 15km로 상대적으로 깊고, 지진파 에너지가 적게 나가는 방향에 도심이 위치한 덕분에 피해가 줄어든 것으로 보인다.

경주 지진은 170km에 이르는 긴 양산단층대에서 발생했는데, 이 단층은 그 활성 여부를 둘러싸고 논쟁이 있다. 그러나 경주 지진의 본진과 여진 분포는 양산단층을 북북동 – 남남서 방향으로 가로지르는 형태를 보였다. 분석 결과, 지진은 양산단층의 지류 단층에서 발생했으며, 단층면 크기는 약 60km², 길이는 8km로 추정되었다. 단층 파열이 지표까지 도달하지 않아 지표 파열은 없었다. 이는 경주 지진이 이전에 알려지지 않은 단층에서 발생했다는 사실을 드러내며, 지하 활성단층에 대한 추가 조사의 필요성을 제기했다.

또한, 경주 지진은 고주파수 대역에서 높은 에너지를 보였다는 특징이 있다. 10Hz 이상의 주파수에서 일정한 수준의 지진파 에너지가 관측되었는데, 이는 단층면이 매우 거칠고 신선하다는 의미이다. 고주파 에너지가 풍부하다는 것은 오랜만에 활동하거나 새롭게 발달한 단층일 가능성을 시사한다. 경주 지진의 지진파는 약 400km 떨어진 수도권을 포함한 전국 각지에서 느껴졌으며, 월성 원전 부지에서는 0.12g의 지진동이 관측되었고, 51km 떨어진 고리 원전 부지에서는 0.038g의 지진동이 측정되었다. 진앙지와 가장 가까운 울산 관측소에서는 0.44g의 지진동이 측정되었는데, 만약 원자력발전소 부지에서 이와 같은 지진이 발생했다면 큰 피해를 초래했을 것이다.

경주 지진은 진앙지를 중심으로 수십 킬로미터에 걸쳐 큰 응력 변화를 일으켰고, 이 응력 변화는 인근 지역에서 또 다른 지진을 유발할 가능성이 있었다. 또한 경주 지진 발생에는 2011년 동일본 대지진이 중요한 역할을 했다는 사실도 확인되었다. 동일본 대지진으로 인한 한반도 지각의 동서 확장과 장력은 한반도 지각의 매질 강도를 크게 약화시켰고, 그 결과 경주 지진과 같은 연쇄적인 지진이 발생하게 된 것으로 보인다. 실제로 동일본 대지진 후 한반도 지각의 매질 강도를 나타내는 S파 속도는 최대 4퍼센트 감소한 것으로 확인되었다.

경주 지진은 한반도의 지진 재해를 평가하는 데 있어 중요한 계기가 되었다. 경주 지진 연구로 한반도에서 발생할 수 있는 중대형 지진의 주파수별 특성을 이해하고, 향후 지진 응답스펙트럼 계산에 활용될 수 있는 기초 자료를 얻을 수 있었다. 또한, 경주 지진은 정부의 지진 대응 방침에도 큰 변화를 일으켰다. 경주 지진 발생 전, 한국은 지진 발생 빈도가 낮고 지진 재해 위험이 적은 지역으로 인식되었으며, 지진 관측 관련 부서도 소규모로 운영되고 있었다. 그러나 경주 지진 이후, 지진 대응 역량 강화를 위한 부서 확대가 논의되었고, 그 결과

2017년 1월에는 기상청에 지진화산연구과와 지진화산기술팀이 신설되고, 지진화산센터는 지진화산국으로 개편되었다. 경주 지진은 이렇게 정부 조직의 변화까지 이끌어낸 중요한 사건이었다.

포항 지진: 지열발전과 지진의 관계

2017년 11월 15일 오후 2시 29분, 규모 5.4의 강력한 지진이 경상북도 포항에서 발생했다. 이 지진은 경주 지진 발생 후 14개월 만에 일어난 일이었고, 그 진앙지는 포항시 외곽에 위치한 흥해읍이었다. 이 지역은 경주 지진 이전까지 규모 2.0 이상의 지진이 거의 발생하지 않았던 곳으로, 예상보다 훨씬 큰 피해를 입었다. 주택 252채가 전파되고, 16,000여 건의 주택 피해와 91명의 인명 피해가 발생했으며 1,200여 명의 이재민이 발생하는 등 피해는 광범위하게 퍼졌다. 본진 발생 2시간 만에 규모 4.3의 여진이 발생했으며, 가장 큰 여진은 본진 발생 후 3개월이 지나서 4.6이라는 규모로 나타났다.

포항 지진의 진원은 지하 약 5km 깊이에 위치한 단층이었으며, 단층은 북서쪽으로 약 30도 기울어져 있었다. 경주 지진과 마찬가지로 포항 지진도 지표에서 확인되지 않았던 지하의 숨은 단층에서 발생했으며, 주향이동단층 특징과 역단층 특징이 모두 포함된 복잡한 단층 운동을 보였다. 본진 발생 후 일어난 여진 역시 그 깊이와 특성에 따라 역단층성과 주향이동단층성의 특징을 보였다.

포항 지진에서 가장 두드러진 점은 지표 변형이었다. 단층의 복잡한 자세와 운동으로 진앙지 지표 위치별로 여러 방향으로 최대 6cm까지의 지표 변화가 관측되었다. 이는 한반도에서 지진에 의한 지표 변화가 확인된 최초의 사례다. 진원 깊이가 얕고 지진이 강력했기 때문에 지표에서의 변형 역시 컸다. 피해 규모는 주택 피해와 시설물 피해를 포함해 약 550억 원에 달하며, 이는 경주 지진의 피해액 110억 원을 크게 웃도는 수치였다. 특히 도심지와 가까운 지역에서 발생하여 피해가 더 컸다. 더구나 진원지 주변에서는 지진파의 주파수가 0.5Hz 내외에서 강한 에너지를 보였는데, 이 정도라면 건축물에 미치는 영향이 크기 때문에 피해를 키운 주요 원인 중 하나로 지목되었다.

포항 지역은 신생대 3기 퇴적층이 두껍게 덮여 있는 지역으로, 이 퇴적층은 지진동을 증폭시키는 역할을 했다. 더군다나 진원 깊이가 얕고 퇴적층 구조가 분지형을 이루고 있어 지진동의 증폭 현상이 두드러졌다. 이러한 특성 때문에 포항 지진은 상대적으로 강한 지진동을 발생시켜 큰 피해를 초래했다.

반면, 진앙에서 벗어난 지역에서는 경주 지진과 유사한 정도의 지진동이 관측되었다.

포항 지진의 또 다른 중요한 특징은 액상화 현상이었다. 포항 일대의 퇴적층 내에 포함된 많은 물이 강한 지진동에 의해 지표로 배출되면서 액상화 현상을 일으켰다. 액상화 현상은 일반적으로 규모 6 이상의 강한 지진에서 발생하는데, 규모 5.4인 포항 지진이 이 현상을 일으켰다는 점은 특기할 만하다.

포항 지진은 지열발전소와의 연관성으로도 주목을 받았다. 지열발전은 지표의 상온 물을 땅속으로 주입해 지구 내부의 열을 이용해 전기를 발전시키는 방식인데, 이 과정에서 대량의 물이 땅속에 투입되어 지진을 촉발할 수 있는 조건을 만든 것이다. 포항 지열발전소에서는 2016년 1월부터 2017년 9월까지 총 12,800m³의 물을 주입했는데, 그 후 미소지진이 여러 차례 발생했고 마지막 물 주입 후 약 2개월 뒤인 2017년 11월 15일, 규모 5.4의 본진이 발생했다. 정부의 지진조사연구단은 이 물 주입이 미소지진을 유발하고, 그 응력이 본진 위치에 누적되면서 포항 지진을 촉발했다고 결론지었다.

역사 속 한반도의 지진: 과거에서 배우는 교훈

"역사는 미래의 거울"이라는 말은 지진 재해에도 그대로 적용된다. 특히 지진과 같은 긴 주기를 가진 재해의 특성을 제대로 이해하려면 수백 년에 걸친 자료 분석이 필수적이다. 발생 가능한 최대 지진과 발생 예상 지역, 피해를 예측하기 위해서는 오랜 시간 동안의 지진 기록을 분석해야 하는데, 지진을 일으킬 단층을 직접적으로 확인하기 어려운 상황에서 역사 기록물이 큰 도움이 될 수 있다.

● 주요 역사지진 피해 기록

발생 일자	위도	경도	주요 내용
89년 6월 (백제 기루왕 13년)	37.5	127.1	민가가 무너져 사망자 다수
100년 10월 (신라 파사왕 21년)	35.8	129.2	민가가 무너져 사망자 발생
304년 8월 (신라 기림왕 7년)	35.8	129.2	샘물이 솟구침
502년 10월 (고구려 문자왕 11년)	39	125.8	집이 무너지고 사망자 발생
510년 5월 (신라 지증왕 11년)	35.8	129.2	집이 무너지고 사망자 발생
779년 3월 (신라 혜공왕 15년)	35.8	129.2	민가가 무너지고 사망자 100여 명 발생

1454년 12월 28일 (조선 단종 2년)	35	127.3	담과 가옥이 무너지고 사람이 깔려 사망함
1518년 5월 15일 (조선 중종 13년)	37.6	127	팔도에서 성과 집이 무너짐
1568년 11월 1일 (조선 선조 1년)	–	–	팔도에 지진 발생
1643년 4월 23일 (조선 인조 21년)	35.6	128.2	땅이 갈라지고 바위가 떨어져 압사당한 사람이 있음
1643년 6월 9일 (인조 21년)	35.5	129.5	성벽이 무너지고 큰 파도가 육지로 나왔다가 되돌아가는 듯함
1681년 5월 11일 (숙종 7년)	37.9	129.1	거암이 붕괴되고 바닷물이 조수가 밀려가는 듯함
1714년 1월 30일 (숙종 40년)	38	126.6	팔도에서 지진으로 장문狀聞함
1727년 5월 2일 (영조 3년)	39.9	127.5	가옥과 성첩이 많이 부서지고 내려앉음
1810년 1월 16일 (순조 10년)	42.1	129.7	성첩이 무너지고 산기슭 사태로 사람과 가축이 깔려 죽음

한국에는 《삼국사기》,《고려사》,《고려사절요》,《조선왕조실록》 등 지진과 관련된 많은 역사적 기록들이 남아 있다. 특히 《조선왕조실록》은 세계적으로 유사한 사례를 찾기 힘들 정도로 중요한 자료다. 1997년 유네스코의 세계기록유산으로 등재된 《조선왕조실록》은 시간 순서대로 자세히 기록되어 있어 연속적인 지진 기록 분석에도 유리하다. 《조선왕조실록》에

는 1392년부터 1904년까지 1,900회 이상의 지진이 기록되어 있으며, 이 중에는 진도 7~8 정도로 추정되는 중대형 지진에 대한 기록도 있다. 서울과 수도권에서 발생한 지진도 여러 차례 기록되어 있다. 현재 학계에서는 이런 여러 가지 근거를 바탕으로 한반도에서 발생할 수 있는 최대 지진의 규모를 약 6.5~7.0 정도로 추정하고 있다.

1518년 5월 15일, 중종 13년의 지진 피해 기록을 살펴보자.

"유시(오후 5시~7시)에 세 차례 크게 지진이 있었다. 그 소리가 마치 성난 우레 소리처럼 커서 사람과 말이 모두 피하고, 담장과 성첩이 무너지고 떨어져서, 도성 안 사람들이 모두 놀라 당황하여 어쩔 줄을 모르고, 밤새도록 노숙하며 제 집으로 들어가지 못하니, 노인들이 모두 옛날에는 없던 일이라 하였다. 팔도가 다 마찬가지였다."

이 기록은 세 차례의 큰 지진이 연속적으로 발생했음을 보여준다. 또한, 그 지진이 전국적으로 감지되었으며, 성벽 위에 적의 공격을 막기 위해 세운 성첩이 무너질 정도로 매우 강력했다는 사실도 알 수 있다. 당시 사람들이 집이 무너질까봐 두려워 밖에서 지냈다는 점으로도 그 강도를 짐작할 수 있다. 한편, "성난 우레 소리"라는 표현은 지진에 의한 단층 운동으로 암반이 부서지는 소리일 수 있는데, 실제로 지진 발생 시 천둥과 유사한 소리가 들렸다는 보고가 많이 있다.

1546년 5월 23일, 명종 1년의 지진 기록도 있다.

"서울에 지진이 일어났는데, 동쪽에서부터 서쪽으로 갔으며 한참 뒤에 그쳤다. 처음에는 소리가 약한 천둥 같았고 지진이 일어났을 때는 집채가 모두 흔들리고 담과 벽이 흔들려 무너졌다. 신시(오후 3시~5시)에 또 지진이 일어났다. 정원에 전교하기를, '요즈음 우박이 내리지 않은 곳이 없고 일기도 햇무리가 지지 않는 날이 없다. 재변이 이미 극도에 달하여 항시 걱정하였는데 지금 또 이처럼 지진이 일어났으니, 이는 근고에 없던 재변이라 어찌할 바를 모르겠다. 내일 정부의 모든 인원과 영부사·육경을 불러 하늘에 응답할 방법을 의논하라' 하니, 정원이 회계回啓하기를, '신들도 미안하여 지금 아뢰려고 하던 참인데 상께서 먼저 분부를 내리셨습니다. 우박과 지진이 끊이지 않고 잇따라 일어나니, 부디 두려워하고 반성하시어 하늘의 꾸짖음에 응답하소서'라 했다."

이 기록은 서울에서 발생한 지진과 그 단층 파열이 동쪽에서 서쪽으로 진행된 것을 보여준다. 또한 이 단층을 따라 여진이 계속되었음을 알 수 있다. 단층 파열과 연쇄 지진은 큰 활성단층이 발달한 지역에서 흔히 발생하는 현상이다. 수도권처럼 지반이 안정된 지역에서는 이런 현상이 이례적이기 때문에, 서울이나 그 인근에서 발생한 큰 지진이 그 원인임을 알 수 있다.

1810년 1월 27일, 순조 10년의 기록도 있다.

"함경 감사 조윤대가 아뢰기를, '이달 16일 미시(오후 1시~3시)에 명천·경성·회령 등지에 지진이 일어나 집이 흔들리고 성첩이 무너졌으며, 산기슭에 사태가 나서 사람과 가축이 깔려 죽기도 하였습니다. 같은 날 부령부에도 지진이 일어나 무너진 집이 38호이고, 사람과 가축 역시 깔려 죽었습니다. 16일부터 29일에 이르기까지 지진이 없는 날이 없어 한 주야晝夜 안에 8, 9차례나 5, 6차례씩 있었는데, 이따금 땅이 꺼지고 샘이 폐색되는 곳도 있었다고 합니다. 부령에서 연달아 14일 동안이나 지진이 그치지 않았다고 한 것은 물론 괴이쩍지만, 또 땅이 꺼진 곳이 있다는 등의 말은 더욱 매우 의심스러웠기 때문에 다시 자세히 치보馳報하게 하였습니다. 그 부사가 다시 보고하기를, '본부의 청암사가 해변에 위치해 있는데, 그 가운데서 수남·수북의 두 마을은 바다와의 거리가 더욱 가까워서 문과 담 밖이 바로 대해 입니다. 그래서 유독 심하게 이런 재변을 입었는데, 모래가 덮혀 폐색된 우물이 11곳, 땅이 갈라지고 꺼진 곳이 세 곳으로, 둘레와 깊이는 각기 몇 아름이 되었습니다. 바닷가 산 위에 있는 큰 암석 하나는 굴러내리다가 둘로 갈라져 그 중 절반은 바다로 굴러 들어갔습니다. 금년 정월 12일까지 지진이 일어나지 않는 날이 없었으므로 백성들이 모두 놀라고 무서워서 눌러 살지 못하고 있는데, 지진이 반드시 여러 날 동안 그치지 않을 리가 없고 연해안이기 때문에 혹 해뢰海雷의 재변이 있어서 그런 듯합니다'고 하였습니다. 대저 지난 겨울의 맹렬한 추위는 근래에 없었던 것이었습니다. 남쪽은 이미 그러하였고, 북쪽 변방은 더욱더 심해서 바다 가까운 연안에 얼음이 얼지 않은 곳이 없어서 사람과 가축이 통행하였는데, 이는 바로 30~40년 동안 없었던 일이었습니다. 이러한 까닭에 바닷가의 습한 땅속이 얼어 있다가 쪼개지면서 땅 위의 집을 흔든 것인데, 그 기본이 흔들림으로 인해서 무너지고 깔리는 것은 이치상 그럴 수도 있습니다. 그리고 겸하여 바닷물이 얼려는 차에 파도가 크게 일면서 큰 힘으로 밀려와 평지를 진동시켰으니, 이것을 해뢰·해동海動이라고 해도 괴이할 것은 없다고 하겠습니다만, 지진이라고 싸잡아 말한 것은 아마 오인한 것 같습니다. 만약 참으로 지진이었다면 무슨 까닭으로 유독 해변에만 있고, 또한 한 달 가까이 그치지 않을 리가 있겠습니까? 무지한 시골 백성들이 놀라고 두려워서 불안해하고 있으니, 또한 매우 민망스럽습니다. 때문에 금방 별도로 친비親神를 정해서 본읍으로 달려가 더는 요동하지 말고, 안심하고 눌러 살라는 뜻을 다방면으로 위로하고 깨우치도록 하였습니다'라 했다."

이 기록은 단순한 건물 붕괴 이상의 피해를 보여준다. 하루에도 여러 차례 큰 여진이 일어나고, 며칠간 계속해서 지진이 발생했다고 한다. 이 지역에서는 지반이 함몰되고, 샘과 우물물이 마르고, 산사태가 일어나는 등 다양한 재해가 발생했다. 큰 지진이 일어난 진앙지 주변에서는 단층 운동에 의해 지반이 융기하거나 함몰되기도 하고, 지하수 경로가 바뀌면서 샘과 우물물이 마를 수 있다. 이 기록은 지진이 발생했을 때 나타나는 다양한 현상들과 잘 일치한다.

1668년 6월 23일, 현종 9년의 기록에는 지진해일이 포함되어 있다.

"평안도 철산에 바닷물이 크게 넘치고 지진이 일어나 지붕의 기와가 모두 기울어졌으며, 사람이 더러 놀라서 엎어지기도 하였다. 평양부, 황해도 해주·안악·연악·재령·장연·배천·봉산, 경상도 창원·웅천, 충청도 홍산, 전라도 김제·

강진 등에 같은 날 지진이 있었다."

이 기록은 평안도와 황해도 등 다양한 지역에서 발생한 동시다발적인 지진을 보여준다. 특히 평안도 해안에서 지진해일이 발생한 점이 눈에 띈다.

이 외에도《일성록》,《승정원일기》등 여러 기록에 지진 피해 사례가 남아 있으며,《삼국사기》에는 신라 지역에서 발생한 779년의 경주 지진으로 100여 명이 사망했다는 기록도 있다. 또한 고려시대에는 1024년과 1038년의 지진으로 석가탑이 무너졌다는 기록이 남아 있다. 이를 통해 당시의 지진이 매우 강력했음을 알 수 있다.

끝없는 흔들림 속에서, 일본의 지진

동일본 대지진: 초대형 지진이 남긴 상처와 교훈

2011년 3월 11일 오후 2시 46분, 일본 센다이시 앞바다에서 규모 9.0의 초대형 지진이 발생했다. 이 지진의 에너지는 제 2차 세계대전 중 일본 나가사키에 떨어진 원자폭탄 100만 개와 맞먹는 수준으로(나가사키 원폭의 위력은 규모 5 정도의 지진으로 볼 수 있다), 1900년 이후 발생한 지진 중 네 번째로 큰 규모였으며, 일본에서 발생한 가장 큰 지진이었다. 869년 이후 1,142년 만에 다시 발생한 지진으로, 그 영향은 상당했다. 지진은 태평양판과 오호츠크판이 충돌하는 일본 동쪽 앞바다에서 발생했으며, 이 지역은 매년 10cm씩 충돌하고 있어 많은 응력이 축적되는 지점이었다. 동일본 대지진은 이 지각판 경계를 따라 너비 300km, 깊이 150km의 단층면이 최대 40m 어긋나면서 발생했다.

이 지진으로 발생한 지진파가 수백 킬로미터 떨어진 지역까지 강한 지반 흔들림을 일으켰다. 진앙지에서 700km 떨어진 오사카의 252m 높이 사키시마 청사 전망대에서는 건물 흔들림이 10여 분 동안 지속되었고, 도쿄에서는 $1.0m/s^2$의 강한 지반 흔들림이 감지되었다. 후쿠시마 원전 부지에서는 내진 설계 기준을 웃도는 $4.0m/s^2$의 강한 진동이 발생했다. 진앙지 인근인 센다이에서는 최대 $10m/s^2$의 강한 진동이 발생했으며, 이는 중력가속도($1g=9.8m/s^2$)를 초과하는 수준이었다. 이와 같은 강한 진동은 시설물과 사람들에게 심각한 피해를 줄 수 있다.

동일본 대지진의 단층 운동은 해양 지반을 30m나 밀어 올리면서 지진해일을 일으켰다. 지진과 함께 발생한 지진해일의 최대 파고는 40m에 달했으며, 이는 아파트 14층 높이에 해당하는 크기다. 해일은 시속 700km의 속도로 일본 동부 해안에 도달했으며, 진앙지와 가까운 센다이시에서는 내륙으로 10km 이상 밀려 들어왔다. 지진해일은 서쪽으로는 타이완, 인도네시아, 동쪽으로는 북미, 하와이, 남미, 뉴질랜드 지역까지 차례로 영향을 미쳤다. 그 위력은 2004년 22만 명이 넘는 사망자와 실종자를 발생시킨 인도양 수마트라섬 지진과 유사했다.

동일본 대지진과 그로 인한 지진해일로 일본에서 2만 명이 넘는 사망자가 발생했으며, 112만여 가옥이 파손되었다. 일본 정부는 재산 피해액을 약 187조 원으로 추산했다. 특히, 진앙지 인근의 후쿠시마 원자력발전소에서는 전기 공급 중단으로 냉각수 공급이 지연되면서 원자로 폭발로 이어졌고, 방사능 누출이 발생했다. 이로 인해 해당 지역뿐만 아니라 태평양 연안 지역에도 심각한 환경 오염이 발생했다. 해역에서 발생한 대형 지진은 큰 파고를 동반한 지진해일과 강한 지진동이라는 두 가지 큰 재앙을 일으켰다.

이 초대형 지진은 발생 후 인근 지역에 심각한 응력 불균형을 초래했고, 이로 인해 지진 위험도가 크게 증가했다. 동일본 대지진 발생 후 하루 동안 규모 6 이상의 지진이 20회 발생했으며, 일주일 동안에는 규모 5 이상의 지진이 300여 회, 규모 7 이상의 지진이 세 차례 발생했다. 여진은 10년이 넘는 기간 동안 이어졌고, 일본 내 활화산들의 활동도 촉진되었다. 신모에다케 화산 분출이 재개되었고, 후지산의 지진 발생 빈도도 증가하면서 화산 분출에 대한 우려가 커졌다. 2004년 수마트라섬 지진 당시에도 인도네시아에 분포한 많은 활화산들의 활동이 재개되었다.

눈여겨볼 점은 강력한 진동에도 불구하고 일본의 많은 건물들은 견고하게 자리를 지켰다는 사실이다. 내진 기능이 잘 갖춰진 건축물이 지진 재해를 줄이는 데 크게 이바지했음을 잘 보여준다.

이 지진은 한국에도 물론 큰 영향을 미쳤다. 지진 발생 후 사회적으로 방사능 누출 우려와 일본 해산물에 대한 경계심이 커졌다. 특히, 일본에서 발생한 원자력발전소 사고는 한국의 원자력발전소 안전에 대한 우려를 불러일으켜 원자력발전소의 내진 성능을 개선하는 계기가 되었다. 동일본 대지진 이후 한반도에서의 지진 발생 빈도도 증가하여 중규모 지진이 많아졌고, 지진 자체에 대한 국민적 인식도 크게 바뀌었다. 지자체별로 공공시설물 보강 작업이 이루어졌고, 전국적으로 지진 옥외 대피소가 설치되었으며, 지진 조기경보 시스템도 운영되기 시작했다.

일본의 지진 대비: 난카이 해구의 위험성

동일본 대지진 이후 일본은 또 다른 초대형 지진 발생 가능성에 대한 우려를 내려놓지 못하고 있다. 특히, 도쿄 앞바다에서 규슈 앞바다까지 넓게 퍼져 있는 난카이 해구 지역이 초대형 지진 발생 가능성이 높은 지역으로 주목받고 있다. 이 지역은 일본 열도와 필리핀해판이 충돌하는 곳으로, 규모 8 이상의 대형 지진이 주기적으로 발생해온 곳이다. 난카이 해구는 크게 도카이, 도난카이, 난카이 지역으로 나뉘며, 이 지역에서 발생한 대형 지진은 대체로 100~150년 주기로 발생했다. 1605년 이후, 난카이 해구에서는 지속적으로 대형 지진이 발생해왔으며, 단층의 연대 측정을 통해 확인된 지진은 서기 684년까지 거슬러 올라간다.

특히 도카이 지역은 더 큰 주목을 받고 있다. 높은 인구 밀도와 산업적, 경제적 중요성 때문이다. 1361년 이후로 큰 지진이 발생하지 않았고, 인접 지역을 포함하더라도 마지막으로 발생한 대형 지진은 약 3,000명의 사망자를 낸 1854년 규모 8.4의 안세이 지진이었다. 2025년 기준으로 이미 약 170년이 흘렀다. 규모 7 정도의 대형 지진도 발생하지 않으면서 응력 에너지가 계속 축적되고 있는 것이다. 특히 필리핀해판이 침강하면서 이 지역의 응력 에너지 축적이 가속화되고 있다는 분석도 나오고 있다. 만약 도카이 지역에서 큰 지진이 발생하면 일본의 정치, 경제, 사회 전반에 심각한 피해를 미칠 것이다. 이에 따라 일본 정부는 이 지역에서 발생할 수 있는 지진에 대한 대비와 발생 시기 및 지진 규모 예측에 많은 노력을 기울이고 있다.

난카이 해구 전역에서 대형 지진이 발생하지 않은 기간도 길어졌다. 1944년 쇼와 도난카이 지진(규모 7.9)과 1946년 쇼와 난카이 지진(규모 8.0)이 마지막 대형 지진이었으며, 이들 지진이 발생한 지 70년 이상이 지난 상태다. 이에 따라 여러 단층이 연쇄적으로 부서져 큰 지진을 일으킬 가능성도 제기되고 있다. 일본 정부의 보고서에 따르면, 난카이 해구 전 지역이 연쇄적으로 움직이며 지진이 발생하면, 2011년 동일본 대지진을 넘어서는 최대 규모 9.1의 초대형 지진이 발생할 수 있다고 예측된다.

최근 난카이 해구 지역에서 지진의 임박 징후가 확인되고 있다. 지진이 임박할 때는 지진 발생 빈도가 급격히 줄어들고 응력 증가 현상이 나타난다. 특히 도카이 지역에서 지진 발생 빈도가 크게 감소하고 있으며, 응력 누적이 가속화되고 있는 추세다. 반면, 사람들이 쉽게 느낄 수 없는 저주파 지진은 급격히 늘고 있다. 저주파 지진은 단층면의 미끄러짐을 촉진시키며, 초대형 지진과 밀접한 관련이 있다. 이러한 지진은 침강판 표면의 윤활제 역할을 하며, 단층면 변형이 한계에 도달할 때 대형 지진으로 이어진다. 이때 단층면이 부서지면 그 면적은 지하 30km 깊이에서부터 지표를 따라 수백 킬로미터에 이를 수 있다. 초대형 지진이 발생하면 침강판과 맞닿은 해역 지반은 위쪽으로 솟아오르듯 변형되고, 일본 열도는 진앙이 위치한 방향으로 끌려가듯 이동한다. 말하자면 초대형 지진이 일본 열도가 침강대에서 지구 내부로 사라지는 것을 막아주는 역할을 하는 셈이다.

1923년 규모 7.9의 간토 대지진으로 큰 피해를 경험한 수도권 지역은 3300만 명 이상의 인구가 거주하고 있는데, 2005년 조사 결과 도쿄 지하 4~26km 구간에 큰 단층이 존재한다는 사실이 확인되었다. 이 단층에서 지진이 발생하면 대도시 바로 아래에서 발생하는 직하지진의 지진파가 지표로 전달되어 심각한 피해를 초래할 수 있다. 또한 도쿄 동부 지역의 퇴적층은 지진동을 더욱 확대시킬 수 있다. 이와 함께 주부 지역과 간사이 지역에서도 큰 지진이 발생할 가능성이 제기되고 있다. 특히 도쿄 앞바다를 포함한 도카이 지역과 난카이 해구 지역에서 30년 내에 규모 8 내외의 대형 지진이 발생할 확률은 80퍼센트에 이른다.

2024년 8월 8일과 2025년 1월 13일 규슈 미야자키 인근에서는 각각 규모 7.1과 6.9의 지진이 발생했다. 이 지진들로 난카이 해구에서 발생할 수 있는 대형 지진에 대한 우려는 더 커졌다. 난카이 해구 남단 지역에서 발생한 이 지진들로 100~150년 주기로 발생하는 대형 지진과 이를 넘어서는 초대형 지진의 가능성도 제기되었다. 일본 정부의 지진조사위원회는 난카이 해구에서의 응력 누적 상태를 분석한 결과, 전체 지역이 동시에 부서지는 최악의 지진 시나리오도 가능하다고 경고하고 있다. 만약 이러한 상황이 발생한다면, 규모 9.1의 대형 지진이 일어날 수 있다. 2011년 규모 9.0의 동일본 대지진이 발생하기 이틀 전에 규모 7.3의 지진이 같은 위치에서 발생하면서 동일본 대지진을 촉발하는 데 기여한 것도 이러한 예측의 근거로 작용한다.

일본은 내륙과 해역에서 모두 위험한 지진이 발생하는 지역으로, 과거 수많은 피해를 입었다. 1923년 간토 대지진, 1994년 홋카이도 지진, 1995년 고베 지진 등은 일본에 큰 재난을 초래했다. 고베 지진 이후 일본은 지진 방재 체계를 대폭 강화했다. 일본은 현재 1,000개 이상의 시추공 지진계와 80개소의 광대역 관측망을 운영하고 있으며, 2007년부터는 지진 조기경보 시스템을 전국적으로 운영하고 있다. 이러한 시스템은 2011년 동일본 대지진의 참사 속에서도 피해를 줄이는 데 중요한 역할을 했다.

앞서 살펴보았듯, 일본의 지진 위험은 단지 일본만의 문제가 아니다. 2011년 동일본 대지진 이후, 한반도에서 지진 발생 빈도가 증가하였고, 중규모 지진도 자주 발생하고 있다. 특히 한반도와 가까운 난카이 해구 지역에서 발생한 지진은 한반도의 지진 환경에 큰 영향을 미칠 수 있다.

5장

지진 연구, 새로운 길을 열다

원자력발전소,
지진에 안전할까?

2011년 발생한 규모 9.0의 동일본 대지진은 일본에서 엄청난 인명 피해와 재산 피해를 일으켰으며, 그 파장은 원자력발전소와 사회기반시설의 취약성을 명확히 드러내는 계기가 되었다. 이 지진은 일본 동쪽 해안에 거대한 지진해일을 몰고 왔을 뿐만 아니라, 그 규모가 예상보다 훨씬 커 원자력발전소와 그 주변의 인프라에 큰 위험을 초래했다. 특히, 최대 40m에 이르는 거대한 지진해일이 후쿠시마 원자력발전소를 덮쳤고, 원자력발전소를 보호하고 있던 해일 방어벽을 넘어서면서 시설을 파괴했다. 해일로 넘쳐 흐른 바닷물이 전기 공급 시스템을 파손시키며, 원자력발전소의 전력 공급이 중단되었고, 이로 인해 원자로의 냉각시스템이 작동을 멈추게 되었다. 냉각수가 공급되지 않자 원자로는 점차 과열되었고, 결국 폭발하면서 방사능 물질이 대기 중으로 방출되는 치명적인 환경 오염을 일으켰다. 추가 폭발을 막기 위한 긴급 대응으로 바닷물을 원자로로 퍼올려 급한 불을 껐지만, 이 과정에서 발생한 방사능 오염수는 대규모로 임시 저장 탱크에 보관되고 있었다. 하지만 이 저장 탱크가 가득 차면서 일본 정부는 2023년부터 방사능 오염수를 바다로 방류하기로 결정했고, 2025년 3월 현재까지도 이 작업은 계속해서 진행되고 있다.

후쿠시마 원자력발전소 사고는 자연재해가 원자력발전소와 같은 중요한 시설에 미칠 수 있는 영향을 적나라하게 보여주었으며, 동시에 인간의 편리함을 위한 에너지 생산이 얼마나 큰 재앙으로 이어질 수 있는지에 관해 중요한 교훈을 남겼다. 이 사고는 일본뿐만 아니라 전 세계적인 논란을 불러일으켰고, 원자력발전소의 안전성과 그 유용성에 대한 논쟁을 재점화시켰다. 사고 처리 과정에서 발생한 방사능 오염수 방류 문제는 원자력발전소 사고가 한 국가에만 국한되지 않으며, 그 파장이 전 세계적으로 미칠 수 있음을 드러냈다. 이 사고로 많은 국가들에서 원자력발전소의 안전성에 대한 점검이 이루어졌고, 우리나라 역시 당시 건설 중이던 신고리 5, 6호기의 건설을 잠정적으로 중지한 바 있다.

원자력발전소는 청와대와 같은 가급 국가중요시설로 분류

되어 있으며, 그 부지는 법적으로 엄격한 조건을 충족해야 한다. 원자력발전소가 안전하게 운영되기 위해서는 주변 환경과 다양한 위해요소들을 고려하여 부지를 선정해야 한다. 우리나라의 경우, 과거 35,000년 이내에 한 차례 이상, 또는 50만 년 이내에 두 차례 이상 지표 변위가 일어난 단층을 '활동성 단층'으로 규정하고, 원전 부지에서 320km 이내의 활동성 단층까지를 내진 성능 결정에 고려하도록 되어 있다. 부지로부터의 거리에 따라 고려되는 최소 단층 길이도 달라지며, 특히 부지 반경 8km 이내에 길이 300m 이상의 활동성 단층이 존재할 경우, 부지 지표 변형에 대한 영향을 평가해야 한다. 이러한 조사는 원자력발전소가 안전하게 운영될 수 있도록 돕는 중요한 기준이 된다.

● 원전 부지로부터 떨어진 거리에 따라 고려해야 하는 최소 단층 길이

거리	단층 길이
32km 미만	1.6km 이상
32~80km	8km 이상
80~160km	16km 이상
160~240km	32km 이상
240~320km	64km 이상

활동성 단층에 대한 완전한 조사가 이뤄진다면 발생 가능한 최대 지진과 그 재래주기를 판단, 고려하여 부지를 선정할 수 있다. 그런데 원자력발전소 건설 이후에 새로운 단층이 발견되면 어떻게 할까? 이 경우 단층 발견 후 발생 가능한 최대 지진 규모를 산정하고, 기존 가동 원전의 안전에 미치는 영향을 신속히 평가하여야 한다. 단층에서 발생 가능한 최대 지진은 단층의 크기, 응력 누적량 등을 통해 추정이 가능하다. 보다 손쉽게는 해당 단층에서 발생했던 과거 지진들의 크기를 통해 확인할 수 있다.

내진 설계 기준은 원자력발전소가 위치한 지역의 지진 환경에 따라 다르게 적용된다. 예를 들어, 미국의 동부와 중부 지역은 0.2g에서 0.25g의 지진동에 견딜 수 있도록 설계된 반면, 서부 지역은 자주 큰 지진이 발생하므로 0.5g 내외의 내진 성능 기준이 적용된다. 일본은 더 강력한 지진이 자주 발생하므로 0.7~1.0g까지 내진 성능을 강화해놓았다. 우리나라의 경우, 신고리 원전 건설 전후로 내진 성능이 0.2g에서 0.3g로 상향 설계되고 있다. 이는 이탈리아나 프랑스의 원전 수준과 비슷하다. 이러한 내진 성능을 확보하려면 과거 지진의 이력을 정확히 분석하는 것이 중요하다. 실제로 2011년 동일본 대지진이 일어난 지각판 충돌대에서는 869년에도 규모 8.6의 조간 지진이 있었는데, 이 지진에 의한 지진동 크기와 지진해일 범람 높이가 충분히 고려되지 않은 채 후쿠시마 원전 설계가 진행되었다는 지적이 있다. 충분하고 정확한 정보가 제공되지 않을 경우, 이처럼 원자력발전소의 안전은 담보하기가 어렵다.

원자력발전소의 효율성과 위험성에 대한 논쟁은 오랫동안 이어져왔다. 원자력발전 옹호자들은 원자력에너지가 청정 에너지원이며, 에너지 자원이 부족한 국가에서 효율적으로 에너지를 생산할 수 있는 방법이라고 주장한다. 반면, 반대 측은 방사능 폐기물 처리 비용, 원자로 폐로 비용, 환경 복구 비용 등 많은 추가 비용이 발생하며, 사고 발생 시에는 큰 피해를 초래할 수 있다고 지적한다. 우리나라는 1978년 고리 원전 1호기를 시작으로 2024년 기준 24기의 원자로가 가동되고 있다. 원전의 수를 줄이는 것이 잠재적인 사고 위험을 줄이는 확실한 방법이겠으나, 에너지 정책은 국가의 미래와 관련된 중요한 문제이므로 섣불리 결정을 내리기 어려운 상황이다. 정확한 판단을 내리기 위해서는 각 원전 사고의 유형을 구분하고, 해당 위험 인자가 얼마나 통제 가능한지 평가해야 한다.

동일본 대지진 때의 지진해일로 전력 공급이 중단되었고, 이로 인해 원자로 과열과 폭발로 이어진 것이 후쿠시마 원전 사고이다. 그런데 이 사고는 미흡하거나 부정확한 정보를 활용했기 때문에 일어났다고도 볼 수 있다. 발생 가능한 최대 지진의 크기, 지진으로 유발될 수 있는 지진해일의 최대 파고,

침수 예상 지역 정보, 침수시 전력 공급 장치의 안전성, 단전 후 복구 가능 소요 시간, 냉각기 가동 중단시 원자로 폭발까지의 소요 시간 등의 모든 정보 분석이 이루어졌어야 했으며, 더불어 시나리오별 다양한 대비책을 체계적으로 점검했어야 했다. 이와 같은 사고를 방지하기 위해서는 원전의 안전한 운용을 위한 규제 지침의 점검과 각 지역의 환경에 적합한 규정 보완도 필요하다. 또한 원전 가동 중 발생할 수 있는 돌발 상황에 대해 신속하고 유연하게 대응할 수 있는 체계를 갖춰야 원전에 대한 국민의 불안감을 해소할 수 있을 것이다.

방사성 폐기물 처분 문제도 살펴봐야 한다. 특히 고준위 방사성 폐기물 처분은 많은 나라에서 해결해야 할 과제로, 핀란드는 2025년, 스웨덴은 2030년대 후반, 프랑스는 2035년부터 고준위 방사성 폐기물 처분장을 운영할 계획이다. 현재 우리나라에는 2015년부터 중저준위 방사성 폐기물 처분장이 경상북도 경주시에 운영 중이다. 고준위 방사성 폐기물은 여전히 임시 저장 중이며, 영구 처분을 위한 처분장이 시급히 건설되어야 한다. 고준위 방사성 폐기물은 수십만 년 동안 안전하게 보관되어야 하므로, 이를 위한 깊이 500m 이상의 심층 지하시설을 고려하고 있다. 이러한 시설의 안전성은 매우 중요한 문제이며, 그 안전성을 보장하기 위해서는 다양한 지질학적 조건과 지진 발생 가능성 등을 충분히 고려해야겠다.

백두산과 지진,
화산이 보내는 경고

백두산은 한반도에서 가장 높은 산으로, 중국과 북한의 경계에 위치한 활화산이다. 이 산은 그 화산 활동의 역사와 지질학적 특성 덕분에 과학자들의 지속적인 관심을 받아왔다. 백두산은 지난 5,000년 동안 여러 차례의 화산 폭발을 일으켰으며, 그 폭발력은 한반도를 넘어 중국, 일본 등 동북아 전역에 영향을 미친다고 여겨진다. 특히 백두산의 정상에는 지름 5km 크기의 분화구가 있고, 그 안에는 천지라는 큰 호수가 형성되어 있다. 이 호수는 수심 370m, 담수량 20억 톤에 이른다.

백두산의 과거 화산 활동은 역사 기록으로도 남아 있다. 다음은 1702년 숙종 28년 5월 20일, 함경도 부령과 경성 지역에 있었던 일이다.

"함경도 부령부에서는 이달 14일 오시(오전 11시~오후 1시)에 천지가 갑자기 어두워지더니, 때때로 혹 황적색의 불꽃 연기와 같으면서 비린내가 방에 가득하여 마치 화로 가운데 있는 듯하여 사람들이 훈열을 견딜 수가 없었는데, 4경 후에야 사라졌다. 아침이 되어 보니 들판 가득히 재가 내려 있었는데, 흡사 조개 껍질을 태워 놓은 듯했다. 경성부에도 같은 달 같은 날, 조금 저문 후에 연무의 기운이 갑자기 서북쪽에서 몰려오면서 천지가 어두워지더니, 비린내가 옷에 배어 스며드는 기운이 마치 화로 속에 있는 듯해서 사람들이 모두 옷을 벗었으나 흐르는 땀은 끈적이고, 나는 재가 마치 눈처럼 흩어져 내려 한 치 남짓이나 쌓였는데, 주위 보니 모두 나무 껍질이 타고 남은 것이었다. 강변의 여러 고을에서도 또한 모두 그러했는데, 간혹 특별히 심한 곳도 있었다."

이 기록은 화산 분화로 화산재가 쌓이고, 유황 냄새가 가득한 상황을 연상시킨다. 특히 947년 백두산의 대규모 화산 폭발은 화산폭발지수VEI VII을 기록한 인류 역사상 가장 큰 폭발 중 하나로, 1,200km 떨어진 일본 홋카이도 지역에 5cm가 넘는 화산재 퇴적층을 형성한 것으로 전해진다. 이러한 사건들은 백두산 화산의 위력을 잘 보여주는 사례로, 이 지역에서

● 백두산 화산 분화 역사

연대	분화 횟수	분화 연도
900	3	939, 946, 947
1000	7	1014, 1016, 1017, 1018, 1019
1100	3	1124, 1199
1200	3	1200, 1201, 1265
1300	1	1373
1400	5	1401, 1403, 1405, 1406
1500	2	1573, 1597
1600	3	1654, 1668, 1673
1700	1	1702
1800	1	1898
1900	2	1903, 1925
계	31	

의 화산 활동은 현대에도 여전히 과학적 관심을 끌고 있다.

백두산의 화산 활동에 대한 연구는 1985년 중국 정부가 백두산 화산의 분화 가능성을 모니터링하기 위해 지진계를 설치하면서 본격적으로 시작되었다. 그 이후 1999년에는 상시 지진 관측이 가능해졌고, 2002년 여름부터는 15대의 이동식 지진계가 추가로 설치되어 지진 탐지가 더욱 정확해졌다.

백두산의 분화 가능성은 다양한 측면에서 제기되고 있다.

우선 지진 발생 횟수가 증가했다. 2000년대 후반에 들어서면서 지진 발생 빈도는 감소하는 추세지만, 2002년 여름에는 하루에만 30회가 넘는 지진이 발생해 화산 분출에 대한 우려를 높이기도 했다.

다음 징후는 지진파 저속도층의 발견이다. 3차원 심부 지각 구조 연구를 통해 백두산 하부 5~10km에서 P파 속도가 4퍼센트 감소하는 저속도층이 발견되었는데, 이는 마그마 방을 포함한 고온 지역이 존재할 가능성이 높다는 뜻이다. 지진파 속도 구조로 파악된 마그마의 분포는 천지 북쪽 지역 하부 중심부를 두고 남북 방향으로 뻗어 있는 형태를 보인다. 이 저속도층은 천지를 중심으로 반경 60km가 넘는 범위에서 나타났다. 이런 분포는 자기지전류 탐사 결과와도 일치한다. 땅속을 흐르는 지전류 탐사에서 백두산 하부 10km 내외의 깊이에서 낮은 비저항(높은 전도도) 물질이 관측되었는데, 비저항이 낮다는 것은 해당 지역이 부분 용융 지역이거나 유체 함량이 높은 지역, 즉 마그마 방이 존재할 수 있는 곳이라는 의미이다. 2016년 북한 지진학자들이 〈사이언스 어드밴스〉 학술지를 통해 발표한 연구 결과에서도 북한측 백두산 하부 지역에서 마그마 방으로 추정되는 저속도층이 확인되었다. 또한, 지진파 단층촬영 영상 분석을 통해 천지 하부 25~75km 지점에서 또 다른 저속도층이 관측되기도 했다.

그 밖에 맨틀 기원 가스 농도가 높고 섭씨 80도에 이르는 고온의 온천이 곳곳에서 확인되는 점, 2000년대 들어서는 이전처럼 뚜렷하게 관측되고 있진 않지만, 인공위성 간섭영상 DInSAR 분석을 통해 1990년대에 백두산 정상부가 매년 평균 3mm씩 부풀어오르는 현상이 관측된 점 등이 백두산 화산 폭발 가능성의 징후로 제시되고 있다.

최근에는 북한 핵실험이 백두산 화산에 미칠 영향에 대한 우려도 커지고 있다. 2017년 북한의 6차 핵실험 발파량은 TNT 폭발량으로 약 120kt에 이르렀다. 함경북도 길주군 풍계리의 핵실험장은 백두산 정상으로부터 약 116km 떨어진 곳에 위치하고 있는데, 핵실험으로 유발된 강력한 지진파는 마그마 방 내 압력을 증가시키고, 마그마 방 내 기포 형성과 화산 분화를 촉진할 수 있다. 과거 구소련과 미국 등에서 실시된 핵실험 사례에서 보듯이 큰 핵실험은 지진 규모 7을 넘어설 수 있다. 이렇게 큰 규모의 핵실험이 백두산과 인접한 곳에서 이루어질 경우 마그마 방 내 기포 형성에 필요한 충분한 압력 상승을 유도한다. 만약 북한이 더 큰 핵실험에 성공한다면 백두산 화산이 폭발할 가능성도 있는 것이다.

백두산 화산 폭발이 일어난다면, 그 피해는 한반도를 넘어서 동북아시아 전역에 미칠 것이다. 화산이 분출하면서 발생할 수 있는 화산재, 기체, 온도 변화는 농업, 건강, 경제 등 다양한 분야에 심각한 영향을 미친다. 특히 천지에 존재하는 20억 톤의 담수는 폭발에 따라 다양한 방식으로 작용할 수 있으며, 그로 인한 피해는 상상 이상일 것이다. 이처럼 백두산 화산 폭발은 단순히 한 지역의 재해를 넘어, 동북아시아와 세계 경제에 중요한 영향을 미칠 수 있는 사안이다.

북한의 핵실험이 백두산 화산 폭발을 촉발할 위험성을 높이는 상황에서, 이에 대한 국제적인 협력과 연구가 필수적이다. 백두산의 지질학적 특성과 화산 활동을 면밀히 분석하고, 북한의 핵실험이 그에 미칠 영향을 지속적으로 모니터링하는 것이 중요한 시점이다. 북한과 관련국들 간의 협력 또한 필수적이다. 이는 지역적일뿐만 아니라 국제적인 문제로, 동북아시아의 안전과 안보를 위한 중요한 과제가 될 것이다.

2019년 개봉한 우리 영화 〈백두산〉은 백두산 화산 폭발에 대한 대중의 관심을 다시 불러일으켰다. 영화의 줄거리는 백두산 화산이 두세 차례에 걸쳐 폭발하면서 큰 지진이 발생하고, 마지막 폭발을 막기 위해 핵폭탄을 이용해 마그마 방의 압력을 감소시킨다는 내용이다. 영화 개봉 이후 그 내용의 사실 여부에 대한 관심이 컸는데, 영화 속 백두산 하부 마그마 방 구조도 사실과는 거리가 있었고, 화산 폭발로 규모 7에 이르는 지진이 발생할 가능성도 낮다. 화산 분화에 의해 발생하는 지진은 일반적으로 규모 3 이하의 작은 지진들이다. 또한, 핵폭탄을 폭발시켜 마그마 방의 압력을 줄이는 방법은 매우 위험하다. 핵폭발에서 발생하는 강한 지진파가 마그마 방에 큰 응력 변화를 일으켜 기포가 생성되고 화산 분화를 가속시킬 수 있기 때문이다. 마그마 방 근처에서 발생한 작은 폭발도 큰 위험으로 이어질 수 있다.

2017년 9월 감행된 6차 핵실험은 북한 핵실험이 백두산 화산에 실질적인 위협이 될 수 있음을 보여주었다. 이 실험에서 발생한 강력한 지진동은 백두산보다 더 멀리 떨어진 중국 연길시에서도 강하게 관측되었는데, 이는 백두산 일대에서도 상당한 지진동이 발생했음을 시사한다. 지진동의 강도는 지반 내 동적 응력량에 비례하기 때문에, 강한 지진동이 발생하면 마그마 방 내 압력도 증가할 것이다. 이를 통해 매질의 급격한 변형과 기포 증가가 예상되며, 백두산 하부의 마그마 방이 잘 발달된 상황에서 핵실험으로 발생한 강력한 지진동은 백두산 화산 폭발을 촉발할 가능성을 높인다. 더 큰 핵실험은 백두산 화산 분화라는 영화 같은 시나리오를 현실로 만들지도 모른다.

핵실험이 일으키는
지진

2017년 3월, 미국 존스홉킨스대 한미연구소의 북한 전문 매체 〈38노스〉는 북한의 6차 핵실험 준비가 막바지에 다다랐다는 위성 사진 분석 결과를 공개했다. 이는 한국 군과 정부에 의해 확인되었고, 한반도는 긴장 상태에 돌입했다. 특히 과거 소련과 미국에서 진행된 핵실험이 규모 7에 달하는 강력한 지진을 동반한 사례들을 고려할 때, 북한의 6차 핵실험도 큰 규모의 지진을 일으킬 가능성이 있었다. 북한은 2017년 9월 3일, 결국 6차 핵실험을 강행했다. 이 실험은 지진파에서 나타난 고주파수 에너지와 강한 P파 성분, 공중음파 관측소와 방사성 핵종 탐지 장비에서 미량의 제논-133 검출을 통해 확인되었다. 그러나 동해상 공중 포집에서 세슘 등 방사성 물질은 검출되지 않아 핵실험의 정확한 종류는 특정되지 않았다.

북한은 2006년 첫 핵실험을 시작으로 2025년 현재까지 총 여섯 차례의 지하 핵실험을 진행했다. 핵실험은 모두 풍계리 핵실험장에서 이루어졌으며, 그 규모는 점차 커져갔다. 풍계리 핵실험장은 지질학적으로 안정적이고 주변에 인구가 적은 지역으로, 방사능 누출 사고에 대한 위험이 상대적으로 낮은 곳이다. 그러나 2016년 9월 초 5차 핵실험 후 같은 달 12일에 규모 5.8의 경주 지진이 발생했으며, 2017년 9월 초 6차 핵실험 후에는 11월 15일 규모 5.4의 포항 지진이 발생하는 등 한반도 지역의 지진 활동이 활발해졌다.

● 북한 핵실험 시기 및 크기

차수	일시	지진 규모	폭발량(TNT)
1차	2006년 10월 9일, 10시 35분	3.9	1.0kt
2차	2009년 5월 25일, 09시 54분	4.5	2~6kt
3차	2013년 2월 12일, 11시 57분	4.9	6~7kt
4차	2016년 1월 6일, 10시 30분	4.8	6~7kt
5차	2016년 9월 9일, 09시 30분	5.04 (USGS 5.3)	10kt
6차	2017년 9월 3일, 12시 29분	5.7 (USGS 6.3)	50kt 이상

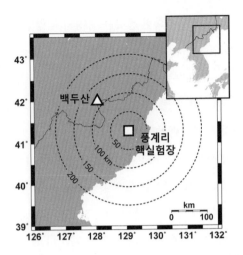

▲ 북한 풍계리 핵실험장과 백두산 위치. 백두산 정상부로부터 116km 떨어진 풍계리 핵실험장에서 실시되는 대규모 지하 핵실험은 백두산에 직접적인 영향을 미칠 수 있다.

풍계리 핵실험장에서는 수평형 갱도를 뚫고 핵실험을 진행한다. 이는 과거 소련의 카자흐스탄 데겔렌 지역에서 진행된 방식과 유사하다. 핵실험에서 중요한 점은 폭발 깊이를 적절히 설정하는 것인데, 폭발 깊이가 너무 얕으면 방사능이 유출될 위험이 있기 때문이다. 과거 소련의 핵실험에서 폭발 깊이는 규모에 따라 400~800m 사이로 설정되었으며, 규모가 커질수록 폭발 깊이도 깊어야 했다. 북한은 수직관 대신 산허리를 뚫은 수평 갱도를 사용하여 효과적으로 폭발 깊이를 조절했다. 북한의 6차 핵실험은 이전의 5차 핵실험에 비해 미 지질조사국USGS에서 발표한 규모 기준으로 32배 더 강력한 폭발을 일으켰다. 그 규모는 미국과 소련의 핵실험과 비교해도 뒤지지 않는 수준이었다. 6차 핵실험에서 발생한 지진파는 170km 떨어진 중국 연길시까지 강한 진동을 전달했다. 지표에서 약 700m 깊이에서 일어난 폭발로 강력한 지진동이 발생했고, 실험 지역 주변의 지반은 이로 인해 여러 균열이 발생했을 것으로 추정된다. 핵실험 후 6개월 동안, 규모 2 이상의 지진이 열 차례 이상 관측되었으며, 가장 큰 지진은 실험 후 8분 만에 발생한 규모 4.1의 지진이었다.

지진파형 분석을 통해, 이들 지진은 지하 약 750m 깊이에서 발생한 함몰지진으로 확인되었다. 함몰지진은 수직 방향으로 지반이 내려앉는 현상인데, 이로 인해 핵실험이 진행된 지역에서 갱도 붕괴 및 방사능 물질 지표 노출도 우려되고 있다. 이렇게 노출된 방사능은 지역의 지하수, 토양, 대기, 바다로 퍼질 가능성이 있다. 또 백두산 화산의 분화 가능성에 대한 우려도 제기되었다. 일부에서는 구소련과 미국에서 진행된 핵실험도 화산 분화를 일으키지는 않았다는 사실을 들어 회의적인 시각을 보이기도 했으나, 북한의 핵실험 장소는 백두산과 가까운 거리에 위치하고 있고, 그 실험 규모가 매우 크다. 핵실험에서 발생한 지진파가 마그마 방에 전달되어 압력 변화를 일으키고, 기포가 발생하면 마그마가 상승하며 충분히 화산 분화를 촉발할 수 있다. 북한의 핵실험이 백두산 화산 분화 시기를 앞당길 가능성도 배제할 수 없는 것이다.

6차 핵실험에서 발생한 강력한 지진파는 전 세계 주요 지진관측소에 기록되었고, 한국의 기상청과 한국지질자원연구원은 자동 분석 시스템을 통해 1차적으로 지진의 규모와 진원 위치를 추정했다. 이후 북한의 핵실험장과 가장 가까운 지역에서 측정된 지진파형 자료를 더 정밀하게 분석해 핵실험의 정확한 위치와 규모값을 산정했다. 그러나 정부가 발표한 규모는 일부 해외 기관들이 발표한 규모와 달랐다. 한국 정부는 핵실험의 규모를 5.7로 발표한 반면, 중국과 미국 지질조사국, 포괄적핵실험금지조약기구CTBTO는 6.3으로 발표했다. 이 차이를 이해하려면 지진 규모 산정 방식에 대한 설명이 필요하다.

지진 규모는 측정되는 거리와 활용되는 지진파형에 따라 다른 지진 규모식을 사용한다. 각 규모식은 서로 교정되어 일정한 지진 규모를 측정할 수 있도록 설계되지만, 그래도 측정값에 차이가 날 수 있다. 그 주요 원인 중 하나는 지진파가 통과하는 매질의 불균질성이다. 한국 대부분의 지진관측소는 북한 핵실험장으로부터 수백 킬로미터 떨어져 있으며, 이 지역에서 기록되는 지진파는 지각을 통과한 지진파이다. 한반도는 동해 지각을 가로지르며, 이 지역의 지각 두께는 약 20km로 얇은 편이라 지각 두께가 약 35km 내외인 다른 지역에 비해 지진파의 변형이 크다. 또한 북쪽 지역의 지각 구조는 복잡해서 지진파의 전파 경로에 따라 진폭 차이가 발생한다. 이러한 이유로 핵실험장과 가까운 지역에서 측정된 지진파가 오히려 지형과 지질 구조에 큰 영향을 받아 규모값 추정에 어려움이 있을 수 있다. 반면, 원거리 관측소에서 측정된 지진파는 더 안정적으로 핵실험 규모를 추정할 수 있다.

또한, 자연지진과 핵실험에서 발생하는 에너지의 차이도 중요한 원인이다. 자연지진은 단층면을 따라 암반이 움직일 때 에너지가 방출되며, 저주파수와 고주파수 에너지가 혼합된 양상을 보인다. 반면 핵실험은 폭발로 인한 에너지 방출로, 고주파수 에너지가 상대적으로 더 많은 비율을 차지한다. 기존의 지진 규모식은 자연지진에 맞춰 개발된 것이기 때문에, 핵실험에서 발생하는 고주파수 에너지에는 적합하지 않다. 자연지진에 맞춰 개발된 지진 규모식을 다른 에너지 분포를 보이는 핵실험의 지진파형에 적용할 경우, 측정 거리와 분석 지진파형에 따라 규모가 다르게 측정될 수 있는 것이다. 특히 이런 차이는 핵실험의 규모가 커질수록 더 커진다.

지진 규모 차이가 반드시 분석 능력의 차이를 의미하는 것은 아니지만, 핵실험의 규모와 폭발량을 추정하는 데 있어 서로 다른 규모값은 혼란을 일으킬 수 있다. 지진 규모와 폭발량

사이에는 일정한 관계식이 존재하지만, 이 관계식은 지질 특성과 지역에 따라 상수 값이 달라지기 때문에, 지역별로 다른 값을 활용해야 한다.

북한 핵실험의 폭발량을 정확하게 산정하기 위해서는 핵실험장 아래의 지질 구조, 폭발의 깊이, 핵폭발 방식 등의 다양한 정보가 필요하다. 그러나 이러한 정보를 정확히 확보하는 것은 쉽지 않다. 현재 활용되는 핵실험 규모값과 폭발량 간의 관계식은 냉전 시대에 은밀히 수행된 핵실험을 감시하기 위해 개발된 경험식에 기반을 두고 있으며, 원거리에서 기록된 지진파 데이터를 바탕으로 한다. 따라서 북한 핵실험의 폭발량을 추정할 때도 원거리 규모값을 활용하는 것이 현실적인 대안이 될 수 있다.

지진학자가
사건을 추적하는 법

지진학적 기법을 통한 사건의 재구성

2001년 9월 11일, 뉴욕의 컬럼비아대학교 부설 라몬도허티 지구과학연구소에는 전례 없이 전화가 빗발쳤다. 두 대의 항공기가 테러리스트들에 의해 납치되어 세계무역센터에 충돌한 순간, 그 충격파가 어떻게 기록되었는지 확인해달라는 것이었다. 기자들은 사건이 일어난 정확한 시간과 파괴적인 에너지를 파악하기 위해 지진계 데이터를 요구했다. 세계무역센터는 항공기 충돌 후 한 시간도 채 지나지 않아 붕괴되었으며, 이 참사로 약 2,700명이 목숨을 잃었다. 그중에는 구조 활동을 벌이던 소방관, 경찰관, 응급구조대원 400여 명도 포함되어 있었다.

라몬도허티 지구과학연구소에 설치된 지진계는 세계무역센터로부터 북쪽으로 약 34km 떨어져 있었지만, 항공기 충돌과 건물 붕괴의 순간을 고스란히 기록했다. 첫 번째 충돌은 오전 8시 46분 29초에 발생했으며, 두 번째 충돌은 9시 2분 57초에 일어났다. 이후 56분이 지난 9시 59분 7초, 남쪽 건물이 붕괴되는 순간이 기록되었고, 29분 뒤인 10시 28분 34초, 북쪽건물이 붕괴되는 순간도 정확히 포착되었다. 각 건물의 붕괴는 지진 규모로 각각 2.1과 2.3을 기록했으며, 이 지진파는 사건의 정확한 시간과 폭발적 에너지를 확인하는 중요한 자료로 활용되었다.

이 지진파 기록은 미국 연방수사국의 9.11 테러 수사에 핵심적으로 활용되었을 뿐만 아니라, 고층 건물의 성능과 안전성 검토에도 중요한 기초 자료로 사용되었다. 특히, 지진파를 분석함으로써 건물 붕괴 후 주변 건물과 지역에 미친 영향을 파악할 수 있었으며, 이는 향후 고층 건물의 재난 대응 및 소방 활동에 필수적인 정보로 쓰였다.

지진학적 기법은 범죄 분석에서도 중요한 역할을 한다. 예를 들어, 1995년 4월 19일, 미국 오클라호마 시티에서 발생한 연방청사 폭탄 테러 사건에서는, 사건 발생 지점에서 26km 떨어진 지진계에서 기록된 진동 데이터를 통해 폭발물의 크기와 폭발 위치를 정확히 확인할 수 있었다. 범인이 자백한 폭발물의 양이 해당 관측소에 기록된 진폭과 같은 정도의 진동을 일으키는지 실험을 통해 확인되면서 범행이 입증되었다. 이처럼 지진학적 기법은 범죄의 현장 분석과 범행의 정황을 명확히 밝혀내는 중요한 도구로도 활용된다.

한국에서도 지진학이 중요한 사건 분석 도구로 활용된 사례가 있다. 2010년 3월 26일 발생한 천안함 폭침 사건은 전 국민에게 큰 충격을 주었으며, 정확한 사건 시각과 침몰 원인을 둘러싼 논란이 있었다. 주요 가설로는 북한의 어뢰 공격, 암초 좌초, 함선의 피로파괴 등이 제시되었다. 이후 한 신문사 기자가 제보를 받아 기상청을 통해 백령도 및 인근 지역의 지진계 자료를 확보해 내게 분석을 의뢰했고, 분석 결과 뚜렷한 폭침 신호가 확인되었다.

처음에는 명확한 신호가 보이지 않았으나, 고주파 대역의 신호를 분리한 결과 수중 폭발에서 발생한 P파, S파, 다중 반사파뿐만 아니라 공기 중으로 전파된 폭발음까지 지진계에 기록된 것이 드러났다. 세 곳의 관측소 자료를 활용해 폭침 위치를 특정한 결과는 정부 합동조사단이 발표한 침몰 지점과도 일치했다. 또한 지진파형 기록을 통해 정확한 폭침 시각도 특정할 수 있었다. 이 연구는 2011년 미국 지진학회에서 주목할 만한 연구로 선정되기도 했다.

또한 2020년 6월 16일, 북한의 개성 남북공동연락사무소 폭파 사건에서도 지진학적 기법이 유용하게 쓰였다. 이 폭파 사건은 40km 떨어진 지진계에까지 기록되었으며, 폭파는 북한 매체에서 발표한 시각보다 약 3분 정도 앞서 발생한 것으로 확인되었다. 이와 같은 사례들은 지진학적 기법이 사건의 정확한 발생 시각을 파악하는 데 얼마나 중요한 역할을 하는지를 잘 보여준다.

핵실험과 같은 강력한 폭발은 지진파를 통해 정확히 탐지할 수 있다. 북한의 핵실험에서 발생하는 지진파는 수천 킬로미터 떨어진 곳에서도 감지된다. 인공적인 폭발에서는 특정 고주파수 대역에서의 증폭 현상과 강한 P파가 발생하는데, 이러한 지진파의 특성을 활용하면 은밀하게 진행되는 핵실험도 그 규모와 위치, 시간까지 정확히 탐지할 수 있다. 이는 국제적인 안전과 안보 차원에서도 중요한 정보가 된다.

지진학은 이처럼 단순히 자연현상 연구를 넘어서, 실시간 사건 분석과 원인 규명에 유용한 도구가 될 수 있다. 앞으로도 지진학적 기법은 다양한 사건과 사고를 정확하게 분석하고, 빠르게 해결하는 데 중요한 역할을 할 것이다.

지진계가 기록한 사회적 변화

2020년, 전 세계는 코로나19 바이러스 전파로 큰 위기에 직면했다. 이 바이러스는 박쥐에서 유래된 것으로 추정되며, 종간 전파의 위험성과 새로운 바이러스에 대한 대비 부족을 여실히 드러냈다. 세계보건기구의 발표에 따르면, 코로나19의 국제 공중보건 비상사태PHEIC 3년 4개월 동안 전 세계에서 약 6억 8700만 명의 확진자와 690만 명의 사망자가 발생했다. 경제적인 피해도 막대했다. 우리나라의 문화예술, 콘텐츠, 관광, 체육 분야에서만 116조 원의 피해가 발생했으며, 전 세계적인 피해는 그 규모를 가늠하기 어려운 상태에 이르렀다.

2019년 11월, 중국 후베이성 우한시에서 처음 발생한 코로나19는 전 세계로 빠르게 확산되었고, 초기에는 효과적인 백신이 개발되지 않아 마스크 착용과 사회적 거리두기가 유일한 예방책으로 제시되었다. 그러나 사회적 거리두기의 실효성 정도를 효과적으로 측정할 방법이 없었는데, 그때 지진계에 기록된 배경 잡음 수준을 활용하는 방법이 제시되었다. 지진계에 기록된 2Hz 이상의 잡음은 주로 경제 활동, 차량 이동, 산업시설 운영 등 인간 활동에 의해 발생한다. 이 잡음 수준의 변화를 측정하면 사회적 거리두기의 실효성을 평가할 수 있다.

미국과 유럽에서 외출제한령이 시행되었을 때, 코로나19 발생 전과 비교해 잡음 수준은 40~80퍼센트 정도 감소했다. 특히 중국 후베이성에서는 90퍼센트에 가까운 잡음 감소가 일어났다. 우리나라 대구 지역에서는 약 40퍼센트의 감소가 있었다. 흥미로운 점은, 외출제한령이 시행되기 전에 이미 시민들의 활동량이 눈에 띄게 줄어들기 시작했다는 것이다. 유럽 주요 국가에서는 일일 확진자 수가 처음으로 500명을 넘어서기 시작할 때 시민들의 외출이 눈에 띄게 줄어들었으며, 대구 역시 확진자가 50명을 넘어서자 시민들의 외부 활동이 크게 줄었다. 시민들이 확진자 수 증가에 따른 불안감으로 자발적으로 활동을 줄인 결과였다. 각국 정부의 외출 규제 이후 시민들의 활동은 더욱 급격히 줄어들었다.

사회적 거리두기로 외부 활동이 줄어든 지 2주에서 한 달이 지나자 일일 확진자 수가 감소세로 돌아섰다. 이는 사회적 거리두기가 효과를 보이는 데 일정 시간이 필요함을 의미한다. 즉, 사회적 거리두기를 일찍 시행할수록 확진자 수를 크게 줄일 수 있다는 뜻이다. 반대로, 거리두기가 느슨해지면 확진자 수가 다시 증가할 수 있다는 점도 알 수 있다. 우리나라는 다른 나라들보다 사회적 거리두기를 빠르고 효과적으로 시행해 초기 확진자 수를 크게 줄일 수 있었다. 이처럼 사회적 거리두기는 코로나19 확산을 막는 데 기여했으며, 시민의 적극적인 참여와 정부의 정책 시행 효율성이 성공적인 방역의 열쇠가 되었음을 보여준다. 그러나 사회적 거리두기 기간 동안 경제와 사회 활동은 큰 타격을 입었고, 이는 지진계에 기록된 잡음 수준의 감소로도 확인할 수 있었다.

코로나19와 사회적 거리두기 덕분에 뜻밖의 긍정적인 변화도 있었다. 여러 나라에서 대기와 수질이 개선되었는데, 예를 들어 캘리포니아의 대기질은 코로나19가 확산되기 전보다 약 30퍼센트 개선된 것으로 보고되었고, 우리나라에서도 미세먼지 농도와 빈도가 크게 줄어들었다. 인도와 중국의 대기질도 개선되었으며, 인도 뉴델리의 맑은 하늘은 뉴스에 보도되기도 했다. 이탈리아 베네치아의 수로는 관광객이 줄어들면서 수질이 개선되었고, 남아프리카에서는 범죄율이 감소하며, 예멘 내전도 일시적으로 소강 상태에 접어들었다. 코로나19 바이러스와 사회적 거리두기라는 불편함 속에서 우리가 얻은 긍정적인 부작용들이었다.

코로나19 사태로 우리는 사회적 변화가 지진계에 과학적으로 기록된다는 사실을 알게 되었다. 지진계는 단순히 자연재해뿐 아니라, 인류의 위기와 변화도 과학적으로 기록하는 중요한 장치인 것이다. 더 나아가, 기후 변화와 기상 모니터링에서도 지진학적 기법이 활용되고 있다. 온난화로 인해 극지방 빙하의 용융과 붕괴가 가속화되면서 빙하 지진의 발생 빈도가 증가하고 있으며, 이는 극지방 온난화에 대한 모니터링 방법으로 유용하게 활용되고 있다. 또한, 태풍과 같은 급격한 기상 변화에 따라 지진계의 배경 잡음이 증가하는 현상이 관찰되는데, 이를 통해 태풍의 경로와 강도를 추정하는 연구도 진행되고 있다.

다른 천체에도 지진이?

2015년 개봉되었던 영화 〈마션〉은 화성 탐사 중 낙오된 우주인이 지구로 귀환하는 과정을 담고 있다. 지구에서 가장 가까울 때조차 약 5470만 km 떨어진 행성에 고립된 주인공의 눈물겨운 생존 노력이 황량한 풍광을 배경으로 실감나게 묘사된 영화다. 수성, 금성과 더불어 지구형 행성 가운데 하나로 꼽히는 화성에 대해 알려진 것은 많지 않다. 화성의 지름은 약 6,800km로 지구 지름의 절반 정도이고, 화성의 중력은 지구 중력의 38퍼센트에 불과하다. 화성 탐사 역사는 1960년대로 거슬러 올라간다. 1965년 미국의 매리너 4호가 근접 촬영한 화성 사진이 지구로 전송되며 화성의 모습이 처음 공개됐다. 이후 구소련, 유럽연합, 미국에서 발사한 탐사선들에 의해 다

▲ 화성 무인탐사선 인사이트에 탑재된 지진계 사이스SEIS. 이 지진계에는 초광대역 센서와 단주기 센서가 구축되어 있어서 다양한 주파수 대역의 지진동 신호를 기록한다.
© NASA/JPL−Caltech/CNES/IPGP

양한 조사가 진행되어왔다. 2012년 화성에 착륙한 큐리오시티는 카메라 17대와 2.1m의 로봇팔을 갖추고 초속 4cm로 움직이며 여러 조사를 수행했다. 약 1년 동안 화성 표면을 이동하며 총 2만 6,700여 장의 사진을 지구로 전송했다. 또한 5cm 가량의 지표 굴착을 통해 암석과 토양의 광물화학적 특성이 분석되기도 했다.

　현지 시간으로 2018년 5월 5일에는 화성 탐사라는 인류의 염원을 싣고 다목적 무인 탐사선 인사이트호가 발사되었다. 11월 26일 화성 적도 인근 엘리시움 평원에 무사히 착륙한 인사이트호에는 화성의 내부 구조 조사를 목적으로 지진학, 측지학, 열류량 연구를 위한 장비들이 탑재됐다. 그중에 단주기 지진계와 초광대역 지진계로 구성된 사이스SEIS라는 장비가 있다. 단주기 지진계는 초당 100번, 초광대역 지진계는 초당 20번씩 화성 표면의 진동을 기록한다. 2018년 12월 19일 화성 표면에 설치된 이 지진계는 이듬해 4월 6일, 화성에서 최초로 지진 관측에 성공했다.

화성 지진의 상세한 관측 내용은 2019년 4월 미국 시애틀에서 열린 미국 지진학회 연례학술대회에서 공개되었다. 연구팀은 이 화성 지진과 함께 추가로 3개의 지진 추정 진동을 관측했다고 밝혔다. 공개된 지진파형에는 바람에 의해 발생한 잡음과 화성 지진의 파형, 인사이트호 움직임이 발생한 진동이 기록되었다. 지진파형은 P파와 S파가 명확히 구분되지 않은 산란파 형태의 40초가량의 기록이었다. 지진파는 7Hz 내외 주파수 대역에서 강한 에너지를 보였다. 이러한 산란파 형태의 지진파형은 달에서 관측되는 지진파형과 흡사하다. 화성 지진의 지진파 지속 시간은 달 지진의 경우보다 짧고 지구 지진의 경우보다는 길었다. 이는 화성의 지표 구성 물질이 달보다는 단단하지만 지구보다는 연약한 물성임을 의미한다. 지진파형의 주파수와 진폭을 볼 때 관측된 화성 지진은 미소지진에 해당했다.

이 화성 지진이 지구 밖에서 지진이 관측된 첫 번째 사례는

▲ 아폴로 11호가 설치한 달 지진계. 아폴로 탐사 프로젝트 동안 차례로 설치된 5대의 지진
계에 기록된 다양한 달 지진동 신호는 달 내부 구조와 달 지진(월진) 연구에 활용되었다.
© NASA

아니다. 1969년부터 1977년까지 진행된 아폴로 달 탐사 프로
젝트에서는 5대의 지진계가 달 표면에 설치되어 그 기간 동안
약 12,000회의 월진을 기록했다. 이 자료는 달 연구에 중요한
기초 자료로 활용되고 있다. 대부분의 달 지진은 운석 충돌,
태양에 의한 지표 온도 변화, 또는 지구의 중력 효과로 인해
발생했다. 달이 지구를 공전하는 동안 달과 지구 사이의 상대
적 거리가 변화함에 따라 발생하는 조석 차이는 매질 내에 힘
을 축적시키고, 그로 인해 월진이 일어나는 것이다. 달의 지진
을 분석한 결과 달의 내부 구조가 밝혀졌으며, 2019년에는 지
표 근처에서 발생한 지진만을 재분석하여 달 표면에 지진을

유발하는 역단층의 존재도 확인되었다.

화성에서의 지진 기록은 지구의 지진 기록과 유사한 특징을 보인다. 화성에서도 지구에서 흔히 관측되는 P파와 S파 형태의 지진파가 구분되어 포착되고 지각을 통과하는 파도 확인된다. 이것은 단단한 매질로 구성된 지각과 맨틀이 잘 구분되어 발달해 있음을 의미한다. 그리고 화성의 표면은 달과 마찬가지로 균열이 많은 암석으로 이루어져 있어 지진파가 산란하는 현상이 나타났다. 계절에 따라 영하 120도에서 영상 20도로 크게 바뀌는 화성의 지표 온도가 구성 암석에 많은 균열을 일으킨 것으로 보인다.

인사이트호는 4년여의 임무를 마치고 2022년 12월 21일 공식적으로 임무를 종료했다. 그동안 1,319건의 지진을 감지했는데, 이 가운데 가장 큰 지진은 2022년 5월에 감지한 규모 5의 지진이었다.

화성 탐사는 이제 정부의 영역을 넘어, 스페이스X 등의 민간 기업들이 참여하는 시대에 접어들었다. 우주 탐사는 이제 더 이상 먼 곳의 꿈이 아니라 우리가 직접 발을 디딜 수 있는 목표로 다가오고 있으며, 그 발전에는 지진학도 한몫하고 있다. 화성에서의 지진 관측은 단순한 과학적 발견을 넘어, 인간이 화성에서 생활할 가능성을 탐구하는 중요한 첫걸음이 될 것이다.

1. 한반도의 단층 분포

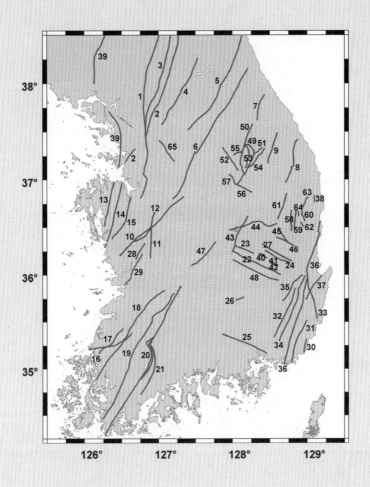

2. 전 세계 대형 지진 목록

(1900년 이후, 규모 8.0 이상, 규모순)

번호	발생 시각	규모	위도	경도	깊이 (km)	위치
1	1960-05-22 19:11:20.00	9.5	-38.143	-73.407	25	칠레 대지진 (발디비아 지진)
2	1964-03-28 03:36:16.00	9.2	60.908	-147.339	25	프린스 윌리엄 해협, 알래스카 지진
3	2004-12-26 00:58:53.45	9.1	3.295	95.982	30	수마트라- 안다만 제도 지진
4	2011-03-11 05:46:24.12	9.0	38.297	142.373	29	일본 도호쿠 대지진
5	1952-11-04 16:58:30.00	9	52.623	159.779	21.6	러시아 페트로파블- 롭스크 캄차츠키 동남동쪽 89km
6	2010-02-27 06:34:11.53	8.8	-36.122	-72.898	22.9	칠레 퀴리우에 서북서쪽 36km
7	1906-01-31 15:36:10.00	8.8	0.955	-79.369	20	에콰도르- 콜롬비아 지진
8	1965-02-04 05:01:22.00	8.7	51.251	178.715	30.3	알래스카 라트 제도, 알류샨 열도
9	2012-04-11 08:38:36.72	8.6	2.327	93.063	20	북부 수마트라 서쪽 해안
10	2005-03-28 16:09:36.53	8.6	2.085	97.108	30	인도네시아 싱킬 서남서쪽 78km
11	1957-03-09 14:22:33.00	8.6	51.499	-175.626	25	알래스카 아닥 동남동쪽 81km
12	1950-08-15 14:09:34.00	8.6	28.363	96.445	15	아삼-티베트 지진

번호	발생 시각	규모	위도	경도	깊이 (km)	위치
13	1946-04-01 12:29:01.00	8.6	53.492	-162.832	15	알류샨 열도 (유니맥섬), 알래스카 지진
14	1963-10-13 05:17:59.00	8.5	44.872	149.483	35	러시아 쿠릴스크 동남동쪽 132km
15	1938-02-01 19:04:22.00	8.5	-5.045	131.614	25	인도네시아 투알 서북서쪽 141km
16	1922-11-11 04:32:51.00	8.5	-28.293	-69.852	70	칠레 발레나르 동북동쪽 94km
17	2007-09-12 11:10:26.83	8.4	-4.438	101.367	34	인도네시아 벵쿨루 남서쪽 122km
18	2001-06-23 20:33:14.13	8.4	-16.265	-73.641	33	페루 아티코 남남서쪽 6km
19	1933-03-02 17:31:00.00	8.4	39.209	144.59	15	일본 산리쿠 (산-리쿠 오키) 지진
20	1923-02-03 16:01:50.00	8.4	54.486	160.472	15	러시아 밀코보 동남동쪽 121km
21	1905-07-23 02:46:24.01	8.33	49.292	96.843	15	몽골 토손첼겔 서북서쪽 121km
22	1977-08-19 06:08:55.51	8.31	-11.164	118.378	25	인도네시아 와잉아푸 남서쪽 265km
23	2015-09-16 22:54:32.86	8.3	-31.5729	-71.6744	22.44	칠레 일라펠 서쪽 48km

번호	발생 시각	규모	위도	경도	깊이 (km)	위치
24	2013-05-24 05:44:48.98	8.3	54.892	153.221	598.1	오호츠크해
25	2006-11-15 11:14:13.57	8.3	46.592	153.266	10	쿠릴 열도
26	1994-10-04 13:22:55.84	8.3	43.773	147.321	14	러시아 시코탄 동쪽 48km
27	1958-11-06 22:58:09.00	8.3	44.479	148.485	35	러시아 쿠릴스크 남남동쪽 95km
28	1946-12-20 19:19:10.65	8.3	33.123	135.905	15	일본 시오노미사키 남쪽 68km
29	1918-08-15 12:18:24.83	8.3	5.538	123.994	20	필리핀 말리스벵 남남서쪽 75km
30	1906-08-17 00:11:10.50	8.3	51.853	178.18	110	알래스카 라트 제도, 알류샨 열도
31	1938-11-10 20:18:49.00	8.23	55.178	-158.181	35	알래스카 반도
32	1920-06-05 04:21:35.17	8.23	23.688	121.954	20	대만 화롄시 동남쪽 47km
33	2021-07-29 06:15:49.18	8.2	55.3635	-157.888	35	알래스카 반도
34	2018-08-19 00:19:40.67	8.2	-18.1125	-178.153	600	피지 레부카 동쪽 267km
35	2017-09-08 04:49:19.18	8.2	15.0222	-93.8993	47.39	멕시코 치아파스 연안
36	2014-04-01 23:46:47.26	8.2	-19.6097	-70.7691	25	칠레 이키케 북서쪽 93km

번호	발생 시각	규모	위도	경도	깊이 (km)	위치
37	2012-04-11 10:43:10.85	8.2	0.802	92.463	25.1	북부 수마트라 서쪽 해안
38	1994-06-09 00:33:16.23	8.2	-13.841	-67.553	631.3	볼리비아 레예스 북북서쪽 55km
39	1969-08-11 21:27:36.70	8.2	43.416	147.814	28.6	러시아 시코탄 동남동쪽 97km
40	1968-05-16 00:49:02.07	8.2	40.86	143.435	29.9	일본 하치노헤 동북동쪽 168km
41	1965-01-24 00:11:17.26	8.2	-2.608	125.952	20	인도네시아 암본 서북서쪽 275km
42	1950-12-09 21:38:51.98	8.2	-23.977	-67.912	113.9	칠레 산페드로데아타카마 남남동쪽 121km
43	1940-05-24 16:33:59.34	8.2	-11.217	-77.438	45	페루 우아초 동남쪽 21km
44	1917-05-01 18:26:20.36	8.2	-31.195	-176.653	15	케르마데크 제도
45	1907-01-04 05:19:13.18	8.2	2.681	95.53	25	인도네시아 시나방 서북서쪽 97km
46	1906-08-17 00:40:04.25	8.2	-32.4	-71.4	35	칠레 라 리구아 서북서쪽 16km
47	2003-09-25 19:50:06.36	8.16	41.815	143.91	27	일본 구시로 남남서쪽 134km
48	1919-05-06 19:41:13.01	8.15	-4.806	153.859	35	파푸아뉴기니 코코포 동남동쪽 183km
49	1914-05-26 14:22:46.63	8.15	-1.98	136.944	15	인도네시아 비악 남동쪽 130km

번호	발생 시각	규모	위도	경도	깊이 (km)	위치
50	1924-04-14 16:20:37.49	8.12	6.625	126.167	15	필리핀 티반방 동쪽 6km
51	2021-08-12 18:35:17.23	8.1	-58.3753	-25.2637	22.79	남샌드위치 제도
52	2021-03-04 19:28:33.17	8.1	-29.7228	-177.279	28.93	뉴질랜드 케르마데크 제도
53	2009-09-29 17:48:10.99	8.1	-15.489	-172.095	18	사모아 마타바이 남남서쪽 168km
54	2007-04-01 20:39:58.71	8.1	-8.466	157.043	24	솔로몬 제도 기조 남남동쪽 45km
55	2007-01-13 04:23:21.16	8.1	46.243	154.524	10	쿠릴 열도 동쪽
56	2004-12-23 14:59:04.41	8.1	-49.312	161.345	10	맥쿼리 섬 북쪽
57	1998-03-25 03:12:25.07	8.1	-62.877	149.527	10	발레니 제도
58	1971-07-26 01:23:22.79	8.1	-4.817	153.172	40	파푸아뉴기니 코코포 동남동쪽 113km
59	1966-10-17 21:42:00.48	8.1	-10.665	-78.228	40	페루 파람옹가 서쪽 43km
60	1963-11-04 01:17:13.90	8.1	-6.957	129.605	110	반다해
61	1960-05-21 10:02:57.56	8.1	-37.824	-73.353	25	칠레 카녜테 동남동쪽 4km
62	1957-12-04 03:37:53.79	8.1	45.189	99.368	30	몽골 바얀홍고르 남서쪽 153km

번호	발생 시각	규모	위도	경도	깊이 (km)	위치
63	1952-03-04 01:22:49.23	8.1	42.084	143.899	45	일본 구시로 남남서쪽 106km
64	1945-1 1-27 21:56:53.73	8.1	24.978	63.675	15	파키스탄 해안
65	1944-12-07 04:35:45.79	8.1	33.73	136.2	15	일본 시오노미사키 동쪽 20km
66	1943-04-06 16:07:18.06	8.1	−31.262	−71.368	35	칠레 일라펠 북북서쪽 45km
67	1942-08-24 22:50:31.20	8.1	−15.041	−75.025	30	페루 미나스 데 마르코나 북북동쪽 21km
68	1939-12-21 21:00:45.01	8.1	−0.018	122.793	150	인도네시아 고론탈로 남남서쪽 68km
69	1932-06-03 10:36:58.08	8.1	19.795	−103.931	35	멕시코 토나야 동북동쪽 4km
70	1929-06-27 12:47:13.93	8.1	−55.373	−29.345	15	남샌드위치 제도
71	1919-04-30 07:17:16.97	8.1	−18.322	−172.442	25	통가 네이아푸 동북동쪽 166km
72	1918-09-07 17:16:27.11	8.1	44.998	152.32	15	쿠릴 열도 동쪽
73	1910-04-12 00:22:24.80	8.1	25.967	124.304	235	일본 히라라 북서쪽 163km
74	1996-02-17 05:59:30.55	8.09	−0.891	136.952	33	인도네시아 비악 동북동쪽 101km
75	1920-09-20 14:39:03.40	8.09	−19.982	168.478	25	바누아투 이산젤 서남서쪽 97km

번호	발생 시각	규모	위도	경도	깊이 (km)	위치
76	1989-05-23 10:54:46.32	8.02	-52.341	160.568	10	매쿼리섬 지역
77	1941-11-18 16:46:32.40	8.02	32.129	131.944	35	일본 타카나베 동쪽 41km
78	1911-01-03 23:25:49.30	8.02	42.919	76.808	20	1911 키르키스스탄 케민 지진
79	1918-12-04 11:47:51.31	8.01	-26.462	-70.65	40	칠레 디에고 데 알마그로 서쪽 60km
80	2019-05-26 07:41:15.07	8	-5.8119	-75.2697	122.57	페루 나바로 북동쪽 78km
81	2013-02-06 01:12:25.83	8	-10.799	165.114	24	솔로몬 제도 라타 서쪽 75km
82	2007-08-15 23:40:57.89	8	-13.386	-76.603	39	페루 산 비센테 데 카녜테 남서쪽 41km
83	2006-05-03 15:26:40.29	8	-20.187	-174.123	55	통가 팡가이 남남동쪽 47km
84	2000-11-16 04:54:56.74	8	-3.98	152.169	33	파푸아뉴기니 라바울 북쪽 24km
85	1995-10-09 15:35:53.91	8	19.055	-104.205	33	멕시코 엘 콜로모 동쪽 5km
86	1995-07-30 05:11:23.63	8	-23.34	-70.294	45.6	칠레 안토파가스타 북북동쪽 36km
87	1986-05-07 22:47:10.87	8	51.52	-174.776	33	알래스카 아트카 남남서쪽 85km
88	1985-09-19 13:17:47.35	8	18.19	-102.533	27.9	멕시코 엘 하빌랄 북서쪽 26km

번호	발생 시각	규모	위도	경도	깊이 (km)	위치
89	1985-03-03 22:47:07.28	8	-33.135	-71.871	33	칠레 발파라이소 서남서쪽 25km
90	1976-01-14 16:47:33.50	8	-28.427	-177.657	33	케르마데크 제도
91	1972-12-02 00:19:52.56	8	6.405	126.64	60	필리핀 폰다가야탄 동쪽 51km
92	1971-07-14 06:11:30.57	8	-5.524	153.85	40	파푸아뉴기니 팡구나 서북서쪽 201km
93	1970-07-31 17:08:05.56	8	-1.597	-72.532	644.8	페루 산 안토니오 델 에스트레초 북쪽 95km
94	1949-08-22 04:01:18.00	8	53.673	-133.015	10	알래스카 하이다버그 남쪽 171km
95	1942-11-10 11:41:28.35	8	-49.885	30.465	10	아프리카 남쪽
96	1934-01-15 08:43:25.82	8	27.275	86.941	15	네팔
97	1917-06-26 05:49:44.39	8	-14.996	-173.27	15	통가 히히포 북북동쪽 120km
98	1906-09-14 16:04:43.67	8	-6.252	147.216	35	파푸아뉴기니 라이 북북동쪽 57km

3. 전 세계 규모별 지진 발생 현황 및 사망자 수

연도	규모				사망자 수
	8.0 이상	7~7.9	6~6.9	5~5.9	
1990	0	18	109	1617	52,056
1991	0	16	96	1457	3,210
1992	0	13	166	1498	3,920
1993	0	12	137	1426	10,096
1994	2	11	146	1542	1,634
1995	2	18	183	1318	7,980
1996	1	14	149	1222	589
1997	0	16	120	1113	3,069
1998	1	11	117	979	9,430
1999	0	18	116	1104	22,662
2000	1	14	146	1344	231
2001	1	15	121	1224	21,357
2002	0	13	127	1201	1,685
2003	1	14	140	1203	33,819
2004	2	14	141	1515	298,101
2005	1	10	140	1693	87,992
2006	2	9	142	1712	6,605
2007	4	14	178	2074	708
2008	0	12	168	1768	88,708
2009	1	16	144	1896	1,790

연도	규모				사망자 수
	8.0 이상	7~7.9	6~6.9	5~5.9	
2010	1	23	150	2209	226,050
2011	1	19	185	2276	21,942
2012	2	12	108	1401	689
2013	2	17	123	1453	1,572
2014	1	11	143	1574	756
2015	1	18	127	1419	9,624
2016	0	16	130	1550	1,297
2017	1	6	104	1455	1,012
2018	1	16	117	1674	4,535
2019	1	9	135	1492	244
2020	0	9	112	1312	미산정
2021	3	16	140	2047	미산정

4. 한반도의 주요 지진
(1978년 이후, 규모 4.5 이상, 규모순)

번호	발생 시각	규모	위도	경도	위치
1	2016-09-12 20:32	5.8	35.76 N	129.19 E	경북 경주시 남남서쪽 8.7km 지역
2	2017-11-15 14:29	5.4	36.11 N	129.37 E	경북 포항시 북구 북쪽 8km 지역
3	1980-01-08 8:44	5.3	40.20 N	125.00 E	북한 평안북도 삭주 남남서쪽 20km 지역
4	2004-05-29 19:14	5.2	36.80 N	130.20 E	경북 울진군 동남동쪽 74km 해역
5	1978-09-16 2:07	5.2	36.60 N	127.90 E	경북 상주시 북서쪽 32km 지역
6	2016-09-12 19:44	5.1	35.77 N	129.19 E	경북 경주시 남남서쪽 8.2km 지역
7	2014-04-01 4:48	5.1	36.95 N	124.50 E	충남 태안군 서격렬비도 서북서쪽 100km 해역
8	2016-07-05 20:33	5	35.51 N	129.99 E	울산 동구 동쪽 52km 해역
9	2003-03-30 20:10	5	37.80 N	123.70 E	인천 백령도 서남서쪽 88km 해역
10	1978-10-07 18:19	5	36.60 N	126.70 E	충남 홍성군 동쪽 3km 지역
11	2021-12-14 17:19	4.9	33.09 N	126.16 E	제주 서귀포시 서남서쪽 41km 해역

번호	발생 시각	규모	위도	경도	위치
12	2013−05−18 7:02	4.9	37.68 N	124.63 E	인천 백령도 남쪽 31km 해역
13	2013−04−21 8:21	4.9	35.16 N	124.56 E	전남 신안군 흑산면 북서쪽 101km 해역
14	2003−03−23 5:38	4.9	35.00 N	124.60 E	전남 신안군 흑산면 서북서쪽 88km 해역
15	1994−07−26 2:41	4.9	34.90 N	124.10 E	전남 신안군 흑산면 서북서쪽 128km 해역
16	2024−06−12 8:26	4.8	35.70 N	126.72 E	전북 부안군 남남서쪽 4km 지역
17	2007−01−20 20:56	4.8	37.68 N	128.59 E	강원 평창군 북북동쪽 39km 지역
18	1981−04−15 11:47	4.8	35.90 N	130.10 E	경북 포항시 남구 동쪽 67km 해역
19	1982−03−01 0:28	4.7	37.20 N	129.80 E	경북 울진군 동북동쪽 42km 해역
20	2018−02−11 5:03	4.6	36.08 N	129.33 E	경북 포항시 북구 북서쪽 5km 지역
21	1994−04−22 2:05	4.6	34.90 N	131.00 E	경남 울산 남동쪽 175km 해역
22	1978−11−23 11:06	4.6	38.40 N	125.60 E	북한 황해남도 안악 남동쪽 15km 지역
23	2023−05−15 6:27	4.5	37.87 N	129.52 E	강원 동해시 북동쪽 52km 해역

번호	발생 시각	규모	위도	경도	위치
24	2016-09-19 20:33	4.5	35.74 N	129.18 E	경북 경주시 남남서쪽 11km 지역
25	1996-12-13 13:10	4.5	37.20 N	128.80 E	강원 정선군 남남동쪽 23km 지역
26	1994-04-23 12:41	4.5	35.10 N	131.10 E	경남 울산 남동쪽 175km 해역
27	1993-03-28 10:16	4.5	33.10 N	123.80 E	전남 신안군 흑산면 남서쪽 231km 해역
28	1982-02-14 23:37	4.5	38.30 N	125.70 E	북한 황해북도 사리원 남남서쪽 24km 지역
29	1978-08-30 2:29	4.5	39.10 N	124.20 E	북한 평안북도 철산 남남서쪽 84km 해역

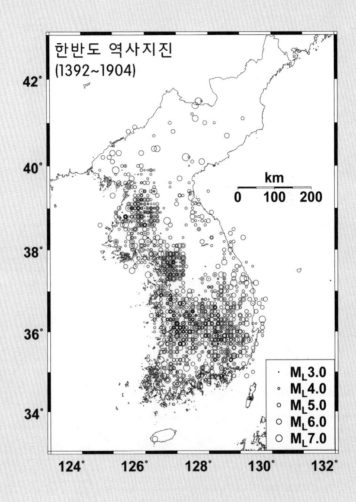

한반도 역사지진
(1392~1904)

km
0 100 200

· M_L 3.0
∘ M_L 4.0
○ M_L 5.0
○ M_L 6.0
○ M_L 7.0

더 읽을거리

최덕근 (2014), 한반도 형성사, 서울대학교출판문화원.

Aki, K., and Richards, P.G. (2002), *Quantitative Seismology*, 2nd edition, University Science Books.

Becker, A., Schurr, B., Kalinowski, M.B, Koch, K., and Brown, D. (2010), *Recent Advances in Nuclear Explosion Monitoring*, Pageoph topoical volumes, Birkhauser.

Datta, T.K. (2010), *Seismic Analysis of Structures*, Wiley.

Der, Z.A., Shumway, R.H., and Herrin, E.T. (2002), *Monitoring the Comprehensive Nuclear-Test-Ban Treaty: Data Processing and Infrasound*, Pageoph Topical Volumes, Birkhauser.

Doornbos, D.J. (1988), *Seismological Algorithms: Computational Methods and Computer Programs*, Academic Press.

Frohlich, C. (2006), *Deep Earthquakes*, Cambridge University Press.

Fukuyama, E. (2009), *Fault-Zone Properties and Earthquake Rupture Dynamics*, International Geophysics Series, volume 94, Elsevier Academic Press.

Havskov, J. and Alguacil, G. (2006), *Intrumentation in Earthquake Seismology*, Moderen Approaches in Geophysics, volume 22, Springer.

Havskov, J. and Ottemoller, L. (2010), *Routine Data Processing in Earthquake Seismology*, Springer.

Kanai, K. (1983), *Engineering Seismology*, University of Tokyo Press.

Kanamori, H. (2007), *Treatise on Geophysics*, volume 4, Earthquake Seismology, Elsevier.

Kearey, P., Klepeis, K.A., and Vine, F.J. (2009), *Global Tectonics*, 3rd edition, Wiley-Blackwell.

Kennett, B.L.N. (2001), *The Seismic Wavefield*, volume 1: Introduction and Theoretical Development, Cambrdige University Press.

Lay, T. and Wallace, T.C. (1995), *Modern Global Seismology*, Academic Press.

Lee, W.H.K., Kanamori, H., Jennings, P.C., and Kisslinger, C. (2002), *International Handbook of Earthquake & Engineering Seismology*, part A, Academic Press.

McCalpin, J.P. (2009), *Paleoseismolgy*, 2nd edition, Academic Press.

McGuire, R.K. (2004), *Seismic Hazard and Risk Analysis*, Earthquake Engineering Research Institute.

Naeim, F. (2001), *The Seismic Design Handbook*, 2nd edition, Kluwer Academic Publishers.

Scherbaum, F. (2007), *Of Poles and Zeros: Fundamentals of Digital Seismology*, revised 2nd edition, Springer.

Scholz, C.H. (2002), *The Mechanics of Earthquakes and Faulting*, 2nd edition, Cambridge University Press.

Shearer, P.M. (1999), *Introduction to Seismology*, Cambridge University Press.

Stacey, F.D., and Davis, P.M. (2008), *Physics of the Earth*, 4th edition, Cambridge University Press.

Stefansson, R. (2011), *Advances in Earthquake Prediction*, Research and Risk Mitigation, Springer.

Stein, S. and Wysession, M. (2003), *An Introdution to Seismology, Earthquakes, and Earth Structure*, Blackwell Publishing.

Taylor, S.R., Patton, H.J., and Richards, P.G. (1991), *Explosion Source Phenomenology*, Geophysical Monograph 65, American Geophysical Union.

Thurber, C.H., and Rabinowitz, N. (2000), *Adavnces in Seismic Event Location*, Kluwer Academic Publishers.

Wang, C., and Manga, M. (2010), *Earthquakes and Water*, Lecture notes in Earth Sciences, Springer.

Zang, A., and Stephansson, O. (2010), *Stress Field of the Earth's Crust*, Springer.

찾아보기